机械工程综合实习指导书

主　编　吴　兵

副主编　喻丽华

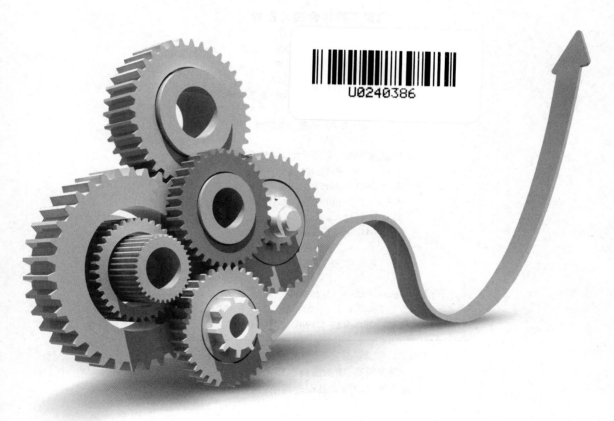

重庆大学出版社

内容提要

本书是为了满足新工科背景下高校机械工程类实践教学需要而编写的指导用书。本书共 7 章,包括机械识图基础、机械创新设计、机械零件常用成形技术、零件机械加工基础、零件测量基础、零件装配基础、机械检验与检测基础。

本书可作为高等院校机械类专业教材使用,也可供高职高专和成人高校相关专业教学使用。

图书在版编目(CIP)数据

机械工程综合实习指导书 / 吴兵主编. -- 重庆:
重庆大学出版社,2020.7
新工科系列. 公共课教材
ISBN 978-7-5689-1789-6

Ⅰ.①机… Ⅱ.①吴… Ⅲ.①机械工程—高等学校—
教材 Ⅳ.①TH

中国版本图书馆 CIP 数据核字(2019)第 181955 号

机械工程综合实习指导书

主 编 吴 兵
副主编 喻丽华
策划编辑:范 琪

责任编辑:姜 凤 版式设计:范 琪
责任校对:刘志刚 责任印制:张 策

*

重庆大学出版社出版发行
出版人:饶帮华
社址:重庆市沙坪坝区大学城西路 21 号
邮编:401331
电话:(023) 88617190 88617185(中小学)
传真:(023) 88617186 88617166
网址:http://www.cqup.com.cn
邮箱:fxk@ cqup.com.cn(营销中心)
全国新华书店经销
重庆共创印务有限公司印刷

*

开本:787mm×1092mm 1/16 印张:12.25 字数:293千
2020 年 7 月第 1 版 2020 年 7 月第 1 次印刷
ISBN 978-7-5689-1789-6 定价:39.80 元

前 言

　　实践教学在机械工程各专业培养计划中占据非常重要的地位,机械基础及专业实验教学是开展机械类专业各门课程教学的最基本要求,这两者既有一定的区别,又有紧密的联系。

　　本书根据机械工程类专业对实践教学的要求,结合机械工程综合实习的特点,以机械基础及专业实验为基础,将机械工程相关理论教学的课带实验与综合实践训练联系起来,整合为一门单独开设的综合实践教学课程,结合具有代表性的机械零件设计图形绘制、制造、测量及检测过程,将分散的实验课程融合在一起,通过完整的实习实现多门课程的有机融合,形成系统学习各门独立理论课程的枢纽。

　　本书的实践教学内容贯穿学生四年本科学习过程,根据培养计划的不同,各教学单位可将本书作为一本单独的实践教学指导书使用,也可以抽取其中的一门或多门实验作为某一门理论课程的实验指导书使用。全书依据机械设备或装置的生产流程设置教学顺序,从机械零件设计、成形制造、机械加工、零件测量检验、零部件装配制作,到机构及零部件的检测,形成一个完整的生产链,给学生一个完整的学习过程。本书第 1 章结合具体的机械零件,将零件测绘实践内容与制图教学内容结合在一起,作为一项机械基础实践技能要求学生掌握;第 2 章主要以机械原理、机械设计为基础,指导学生开展机械创新中相关机构方面的训练;第 3 章主要介绍机械零件的各类成形基础知识及实践方法;第 4 章围绕各类常见的机械零件加工方法,介绍了各类加工设备的特点及加工方法的应用,并提供从设备认识到操作的多方位训练;第 5 章主要介绍针对已加工完成的机械零件如何开展相关测量;第 6 章介绍如何将合格的零部件进行装配制作;第 7 章介绍如何对各部件及关键零部件进行相关测试。

　　本书由具有丰富实践教学经验的教师编写,在编写过程中,保证了基本概念和术语的准确,并力求做到通俗易懂,着重突出实验操作的可行性。

本书由贵州大学机械工程学院的吴兵担任主编,喻丽华担任副主编,参与编写的有潘年榕、聂尧、袁奎、刘西霞。全书共7章,第1章由刘西霞编写,第2章由潘年榕编写,第3章、第4章由吴兵编写,第5章由喻丽华编写,第6章由聂尧编写,第7章由袁奎编写。全书由吴兵统稿和主审。

限于编者水平,书中难免存在不妥与疏漏之处,恳请广大读者批评指正。

编　者

2020年3月

2

目录

第 **1** 章

机械识图基础

1.1 机械识图基本知识

1.1.1 机械识图

(1) 机械识图的研究内容

机械识图的研究内容集中在二维图形与三维图形之间的转换,主要包括图示和图解两个方面,如图 1.1 所示。

①图示:用图来表示物,将空间物体表达在平面图纸上。

②图解:从图来理解物,通过看平面图形,想象物体的空间形状。

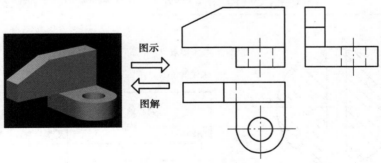

图 1.1　零件的三维图和二维图

(2) 学习机械识图应掌握的知识

①基本概念:掌握机械识图中的定义、名词和术语。

②基本理论:学会运用正投影的方法分析图样,看图想物。

③基本常识:能查阅有关制图中的国家标准并严格遵守。

④基本技能:能看懂一般的零件图和装配图。

1.1.2 机械图样

机械图样是机械识图的研究对象,在现代工业生产中,无论是加工每一个零件,还是装配部件或机器,都是依据图样来进行的。图样是产品设计、制造、使用、维护、技术交流的重要技术资料。因此,人们常把图样称为"工程界的语言"。

由图形、数字和文字准确地表达零件、部件或机器的形状、大小和技术要求的图,称为机械图样,如图1.2和图1.3所示。

(1)机械图样的种类

常见的机械图样有两大类,即零件图和装配图。

1)零件图

只表达单个零件的图样,称为零件图。如图1.2所示的偏心轴零件图。零件图是制造零件和检验零件的依据,是指导生产机器零件的重要技术文件之一。

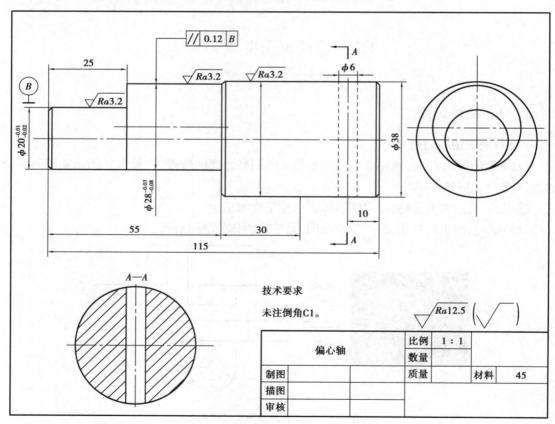

图 1.2 偏心轴零件图

2)装配图

如图1.3所示的联动夹持杆接头装配图,图样上一共有5个零件,是相对简单的装配图。还有更复杂的,几百个零件画在一幅图上,表达一台机器的组成。像这种表达一个部件或一台机器的零件装配情况的图样称为装配图。装配图主要用来指导机器或部件的装配。

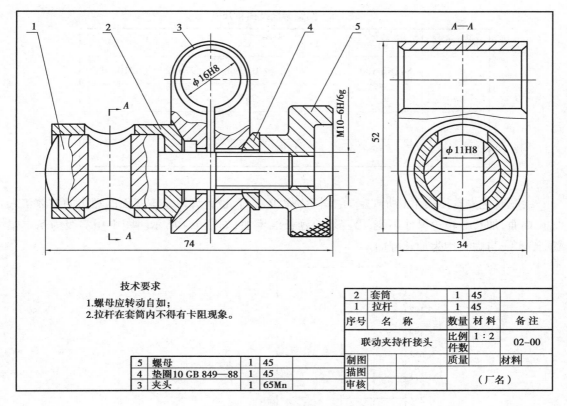

2	套筒		1	45	
1	拉杆		1	45	
序号	名　称		数量	材料	备注
联动夹持杆接头			比例　1:2		02—00
			件数		
制图			质量		材料
描图					
审核			（厂名）		

5	螺母	1	45
4	垫圈10 GB 849—88	1	45
3	夹头	1	65Mn

技术要求

1.螺母应转动自如；
2.拉杆在套筒内不得有卡阻现象。

图 1.3　联动夹持杆接头装配图

（2）机械图样的组成

机械图样一般由以下几个部分组成（参考图 1.2、图 1.3）。

①一组图形。图样上用一组恰当的图形，正确、完整、清晰地将零件或机器的结构、形状表达出来。

②尺寸。零件的大小或机器各部分的大小和相对位置是靠图样中的尺寸来说明的。

③技术要求。图样上用文字或符号指出零件或机器在制造、装配和检验中所应达到的性能或要求，如表面粗糙度、尺寸公差、形位公差、热处理及表面处理等。

④标题栏及明细栏。标题栏中列出了零件或机器的名称、材料、比例、图号、数量、绘图者姓名等。零件图上只有标题栏，而明细栏是装配图中才有的。装配图中，在标题栏的上方需要列出零件的明细栏。

1.1.3　《机械制图》国家标准的一般规定

（1）图纸幅面和格式

1）图纸幅面

图纸幅面简称图幅，指由图纸的宽度和长度组成的图面，即图纸的有效范围，通常用细实线绘出，称为图纸边界或裁纸线，基本幅面的尺寸及图框尺寸见表 1.1。

表 1.1   图纸幅面及图框尺寸

幅面代号	A0	A1	A2	A3	A4
$B×L$	841×1 189	594×841	420×594	297×420	210×297
a	25				
c	10			5	
e	20		10		

　　绘图时优先选用表 1.1 所规定的基本图幅,必要时,也允许以基本幅面的短边的整数倍来加长幅面,加长时长边尺寸不变,沿着短边延长线增加,如图 1.4 所示。图中粗实线为基本幅面,细实线与虚线均为加长幅面。

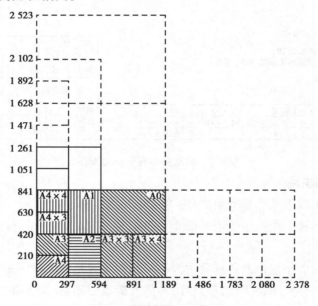

图 1.4   基本图幅及加长边

2)图框格式

　　图框是指图纸上限定绘图区域的线框,用粗实线画出,其格式分为不留装订边和留装订边两种,如图 1.5 和图 1.6 所示,其尺寸均按表 1.1 中的规定。需要注意的是,同一产品的图样只能采用同一种格式。

3)标题栏及明细栏位置

　　每张图样上都必须有标题栏,标题栏中文字的方向是看图的方向。如图 1.5 和图 1.6 所示,标题栏的位置应位于图纸的右下角,其长边置于水平方向,右边和底边与图框线重合。

　　标题栏及明细栏的基本要求、内容、尺寸和格式在国家标准《技术制图　标题栏》(GB/T 10609.1—2008)中有详细规定,如图 1.7 所示。标题栏一般印刷在图纸上,不必自己绘制。而明细栏是装配图中才有的,需要自己绘制。

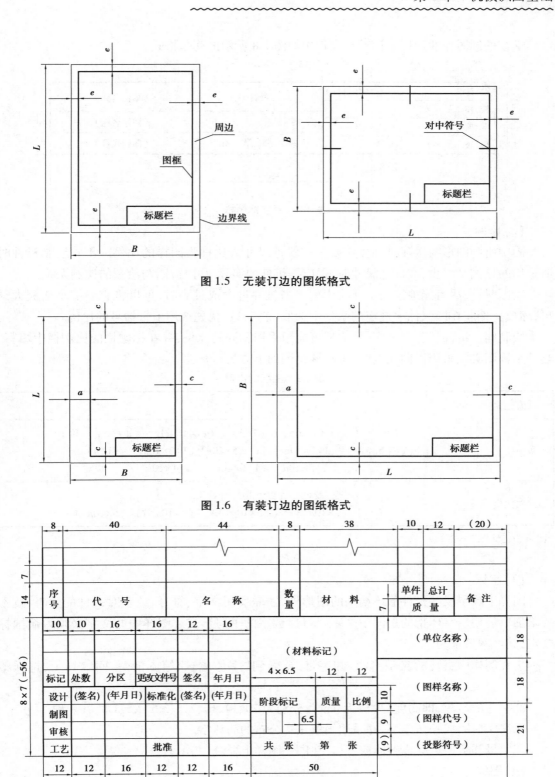

图 1.5　无装订边的图纸格式

图 1.6　有装订边的图纸格式

图 1.7　标题栏及明细栏格式

学校的制图作业使用的标题栏推荐用如图1.8所示的简化格式。

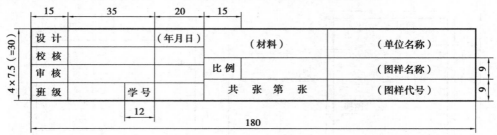

图1.8　简化标题栏

（2）比例

图中所画图形与实际机件相应要素的线性尺寸之比称为图样的比例。不管绘制机件时所采用的比例是多少,在标注尺寸时,仍应按机件的实际尺寸标注,与绘图的比例无关。

绘图时,应尽可能地采用1:1的比例。当机件过大或过小时,可以将它们缩小或放大画出,缩放比例应在国家标准规定的系列中选取(表1.2),优先选用不带括号的比例。

绘制同一机件的各个视图时,应尽可能地采用相同的比例,并在标题栏的比例栏中填写。当某个视图必须采用不同比例时,可在该视图的上方另行标注。

表1.2　图纸的比例

原值比例	1:1
缩小比例	$(1:1.5)$　　1:2　　$(1:2.5)$　　$(1:3)$　　$(1:4)$　　1:5　　$(1:6)$　　1:10 $(1:1.5\times10n)$　　$1:2\times10n$　　$(1:2.5\times10n)$　$(1:3\times10n)$　　$(1:4\times10n)$ $1:5\times10n$　　$(1:6\times10n)$　　$1:1\times10n$
放大比例	2:1　　$(2.5:1)$　　$(4:1)$　　5:1 $1\times10n:1$　$2\times10n:1$　$(2.5\times10n:1)$　　$(4\times10n:1)$　　$5\times10n:1$

注:n为正整数。

（3）字体

图样上除了反映机件形体结构的图形外,还需要用文字、符号、数字对机件的大小、技术要求加以说明。字体指的是图中文字、字母、数字的书写形式。图样中的文字必须遵循国标规定,其基本要求为:

①在图样中书写的汉字、数字和字母,要做到"字体端正、笔画清楚、间隔均匀、排列整齐"。

②字体的号数,即高度(单位为mm),分别为20、14、10、7、5、3.5、2.5、1.8,共8种。

③汉字应写成长仿宋字,并采用国家正式公布的简化字。

④字母和数字可写成斜体或直体,在同一图样上要统一。

（4）图线

图中所采用各种形式的线,称为图线。GB/T 17450—1998、GB/T 4457.4—2002中对图线的名称、形式、宽度、应用等作了规定,常见的基本线型及应用见表1.3。

表1.3 基本线型及应用

图线名称	图线形式	宽度	一般应用
粗实线	———————	d	可见轮廓线
			可见过渡线
虚线	– – – – – –	$\dfrac{d}{2}$	不可见轮廓线
			不可见过渡线
细实线	———————	$\dfrac{d}{2}$	尺寸线及尺寸界线
			剖面线、引出线
			重合断面的轮廓线
			螺纹的牙底线及齿轮的齿根线
			分界线及范围
波浪线	∿∿∿∿	$\dfrac{d}{2}$	断裂处的边界线
			视图和剖视的分界线
细点画线	—·—·—·—	$\dfrac{d}{2}$	轴线、对称中心线
			轨迹线、节圆及节线
双点画线	—··—··—	$\dfrac{d}{2}$	相邻辅助零件的轮廓线
			极限位置的轮廓线
双折线	∿∿∿	$\dfrac{d}{2}$	断裂处的边界线
			视图和剖视的分界线
粗点画线	▬ ▬ ▬ ▬	d	有特殊要求的线或表面的表示线

（5）尺寸标注

图形只表示机件的形状,机件的大小是图样上标注的尺寸来决定的。

1）尺寸标注的基本规则

①机件的真实大小以图样上所注尺寸数值为依据,与图形的大小及绘图的准确度无关。

②图样中(包括技术要求和其他说明)的尺寸以毫米为单位,不需标注计量单位的代号或名称,如采用其他单位时,需加以说明,如度(°)、厘米(cm)等。

③图样中所标注的尺寸,为该图样所示工件的最后完工尺寸,否则应加以说明。

④机件的每一个尺寸,一般只标注一次,并应标注在反映该结构最清晰的图形上。

⑤标注尺寸时,应尽量使用符号和缩写词,常用符号和缩写词见表1.4。

表1.4 尺寸标注中的常用符号和缩写词

名称	直径	半径	圆球直径	圆球半径	厚度	45°倒角	均布	正方形
符号或缩写词	ϕ	R	$S\phi$	SR	t	C	EQS	□

2）尺寸的组成

一个完整的尺寸,应包含尺寸界线、尺寸线和尺寸数字等要素,如图1.9所示。

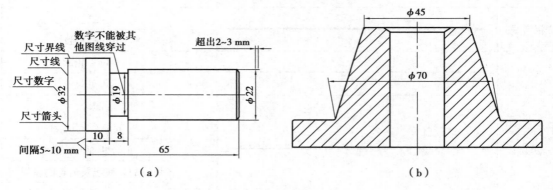

图1.9　尺寸标注示例

①尺寸界线:为细实线,由轮廓线、轴线或对称中心线处引出,也可用这些线代替。

②尺寸线:由细实线和尺寸线终端组成,其中尺寸线终端可以有箭头和斜线两种形式。尺寸线不能用其他图线代替,也不得与其他图线重合或画在其延长线上。标注尺寸时尺寸线必须与所标注线段平行。

③尺寸数字:一般应注在尺寸线的上方,也可注在尺寸线的中断处。尺寸数字应按国标要求书写,并且水平方向字头向上,垂直方向字头向左,字高3.5 mm。尺寸数字不可被任何图线穿过,否则必须将该图线断开。

1.2　投影与视图

1.2.1　投影法的基本知识

（1）投影法的基本概念

物体在阳光或者灯光的照射下,会在地面或者墙壁上显现出它的影子。人们根据这种自然的投影现象,总结影子与物体的几何关系,创造了把空间物体投射在平面上的方法,称为投影法。

如图1.10所示,将△ABC放置于光源S和平面H之间,由于光线的照射,在H面上会出现三角形的影子△abc。我们把H面称为投影面,影子△abc称为投影,光线称为投射线。

（2）投影法的分类

根据投射线的不同,投影分为中心投影法和平行投影法两类。投射线相交于一点的投影法称为中心投影法。如果光源在无穷远处,可以认为投射线是相互平行的,这种投射线相互平行的投影法称为平行投影法。

平行投影法中,根据投射线与投影面是否垂直,又分为正投影法和斜投影法两种。当投

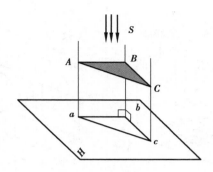

图 1.10 正投影法

射线与投影面夹角不等于 90°时为斜投影法;反之,当投射线与投影面夹角为 90°时为正投影法。而图 1.10 中,投射线相互平行,且投射线和投影面 H 垂直,这时所得的投影称为正投影。

机械识图研究的主要是平行投影法中的正投影,由于正投影法得到的正投影图度量性好,作图方便简单,因此在工程中得到广泛应用,以后本书中的"正投影"简称为"投影"。无论是零件图还是装配图,都是在正投影理论的基础上绘制出来的。

1.2.2 视图及其投影规律

在绘制机械图样时,人们通常以视线作为投射线,这样在投影面上所得到的正投影即称为视图。

机件是一个空间立体,在投影中,仅用一个视图是不能唯一确定物体的形状和大小的,因此,为了完整地确定机件的形状和大小,常常使用三视图。

(1)三视图的形成

为了获得三视图,采用正投影面 V(简称"正面")、侧投影面 W(简称"侧面")和水平投影面 H(简称"水平面")3 个互相垂直的投影面建立三面投影体系,如图 1.11(a)所示。两投影面的交线称为投影轴,分别用 OX、OY、OZ 表示,三轴相互垂直,分别代表长度、宽度和高度 3 个方向。三轴的交点 O 称为原点。

将立体放在 3 个投影面之间,利用正投影法在 V、W、H 三个投影面上获得的投影分别称为正面投影、侧面投影和水平投影,如图 1.11(b)所示。立体的三面投影又称为三视图,其中:

1)主视图

物体从前向后看,在正立投影面上得到的投影。

2)左视图

物体从左向右看,在侧立投影面上得到的投影。

3)俯视图

物体从上向下看,在水平投影面上得到的投影。

为了画图方便,把 3 个相互垂直的投影面展开成一个平面。展开的方法如图 1.11(c)所示,沿 OY 轴分开 E 面与 H 面,规定 V 面保持着正立的位置不动,W 面向右旋转 90°,H 面向 Z 下旋转 90°,使得 3 个投影面展开成同一个平面。

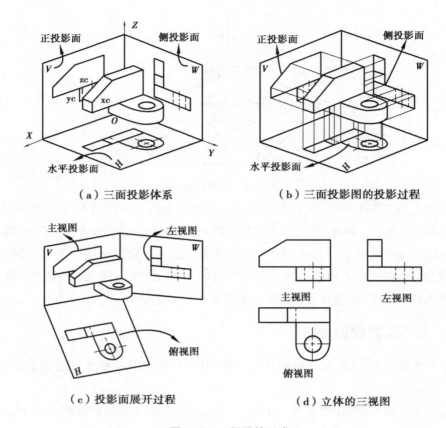

（a）三面投影体系　　　　　　　（b）三面投影图的投影过程

（c）投影面展开过程　　　　　　　（d）立体的三视图

图 1.11　三视图的形成

一般在实际绘制图样时，投影轴和投影面的边框不必画出，如图 1.11（d）所示。此外，三视图按规定位置布置时视图名称也不必标注。

（2）三视图的投影规律

从三视图的形成过程中可以得到三视图的位置关系，即左视图在主视图右方，俯视图在主视图下方。3 个视图之间具有以下投影规律：

1）长对正

主视图与俯视图长度相等且对正。

2）高平齐

主视图与左视图高度相等且平齐。

3）宽相等

左视图与俯视图宽度相等且对应。

主视图反映物体的长和高，俯视图反映物体的长和宽，左视图反映物体的高和宽。以主视图为中心来看其他两个视图，则靠近主视图的一侧是机件的后面，远离主视图的一侧是机件的前面。

（3）其他形式的视图

1）基本视图

三视图是机械图样的基础视图，当立体各面的形状变得复杂时，国家标准允许在原有的

V、W、H 三面投影体系的基础上,增加 3 个投影面构成正六面体,从而将机件向 6 个基本投影面投影得到 6 个基本视图,即主视图、俯视图、左视图、后视图、仰视图和右视图,如图 1.12 所示。6 个基本视图之间仍然符合长对正、高平齐、宽相等的投影规律,按基本视图位置配置时,不需标注视图的名称。

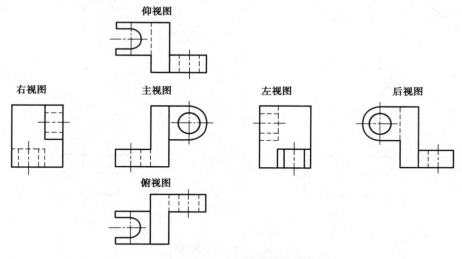

图 1.12　6 个基本视图的配置

2）向视图

位置可自由配置的基本视图称为向视图。绘制向视图时,应在视图的上方标注视图的名称,在相应视图附近用箭头指明投影方向,并注上同样的字母,如图 1.13 所示。

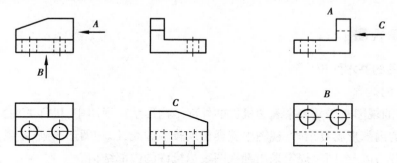

图 1.13　向视图及其标注

3）局部视图和斜视图

将机件的某一部分向基本投影面投射,并加注投影箭头和字标后所得的视图称为局部视图,如图 1.14 中 B 向和 C 向所示。

将机件的一部分向不平行于任何基本投影面的平面投射,并加注投影箭头和字标后所得的视图称为斜视图,如图 1.14 中 A 向所示。特别地,当斜视图旋转配置时,斜视图正上方应标注"×旋转"或"⌒×"(×为大写拉丁字母)。

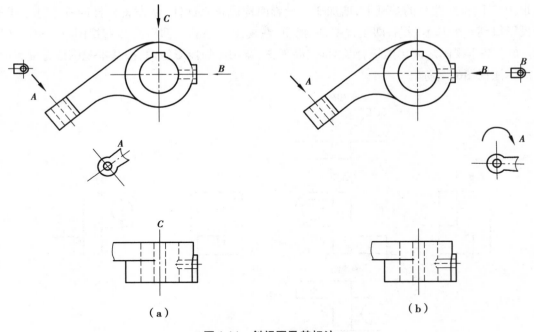

图 1.14 斜视图及其标注

1.3 零件的剖视图与断面图

1.3.1 剖视图

(1)剖视图的基本知识

1)剖视图的概念

前面介绍的视图主要是用来表达机件的外部结构形状。视图中,机件的内部形状用虚线表示,当机件的内部形状复杂时,视图中就会出现较多虚线,影响图形清晰,给看图、画图和标注尺寸带来困难,因此,国标规定采用剖视图表达机件的内部结构。

假想用剖切平面剖开机件、移去观察者和剖切面之间的部分,将余下的部分向投影面投影,所得到的图形称为剖视图,如图 1.15 所示。

2)剖视图的画法与标注

绘制剖视图时,用粗实线画出零件实体被剖切面剖切后的断面轮廓和剖切面后面零件的可见轮廓,并在剖面区域内画上剖面符号。机件材料不同,剖面符号也不相同。

金属材料或不需要在剖面区域表示材料的类别时,可采用通用剖面线。通用剖面线一般以与主要轮廓线或剖面区域的对称线成 45°的平行细实线绘制,一般则表示金属材料,此外还有斜方格线代表非金属,正方格线代表电气绕组以及其他液体符号等。

剖视图中应标注以下内容:

①剖切线:指示剖切面位置的线,即剖切面与投影面的交线,用细点画线表示,一般情况下可省略。

②剖切符号:表示剖切面起、止和转折位置(用粗短画线表示)及投射方向(用箭头表示)。

③剖视图名称:一般应在剖视图上方标注剖视图的名称"×—×"(×为大写拉丁字母),且在箭头外侧写相同的字母,如图 1.15(b)所示。

特别地,当剖视图按基本视图位置配置时,中间没有其他图形隔开,可以省略箭头;当剖视图按基本视图位置配置时,中间没有其他图形隔开,且剖切平面与机件的对称面重合时,可以省略标注。

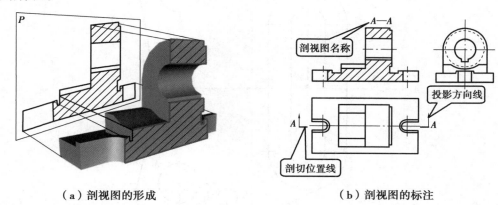

（a）剖视图的形成　　　　　　　　　　（b）剖视图的标注

图 1.15　底座的剖视图

（2）剖视图的分类

1)全剖视图

用剖切面(一个平面或几个平面联合)完全地剖开机件所得的剖视图称为全剖视图,如图 1.15(b)所示。全剖视图适用于外形简单、内部形状复杂的不对称机件。

图 1.16 是用两个剖切平面联合剖切获得的全剖视图,称为阶梯剖视图。

2)半剖视图

当物体具有对称平面时,向垂直于对称平面的投影面上投射所得到的图形,一半画成剖视图,另一半画成视图,这种组合的图形称为半剖视图,如图 1.17 所示。半剖视图主要应用于内、外都需要表达的对称结构。

3)局部剖视图

用剖切面局部的剖开机件所得的剖视图,称为局部剖视图,如图 1.18 所示。局部剖视图主要适用于以下情况:

①机件只有局部的内部结构需要表达。

②机件虽然对称,但轮廓线和对称线重合。

③需要保留部分外形的不对称机件。

在局部剖视图中,剖视与未作剖视部位之间用表示断裂的波浪线表示。

应当注意的是,各个视图都可以作剖视,同时,半剖视图和局部剖视图等也可以结合使用。

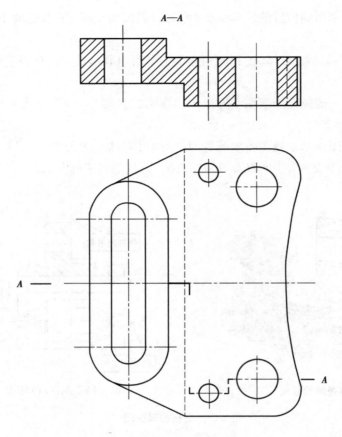

图 1.16　阶梯剖视图

1.3.2　断面图

（1）断面图的概念

假想用剖切平面把机件的某处切断,仅画出断面的图形,称为断面图,如图 1.19 所示。轴的各段都是圆柱体,主视图只选一面,此外再用两个断面图分别表达出左端的键槽和右端通孔,就可将整个轴表达清楚了。

断面图主要适用于表达实心杆件表面开有孔、槽等及型材、薄壁的断面结构。

与剖视图的区别在于,断面图只画断面的图形,而剖视图则是将断面连同后面结构的投影一起画出。

（2）断面图的种类

根据断面图的位置,分为移出断面和重合断面两种。

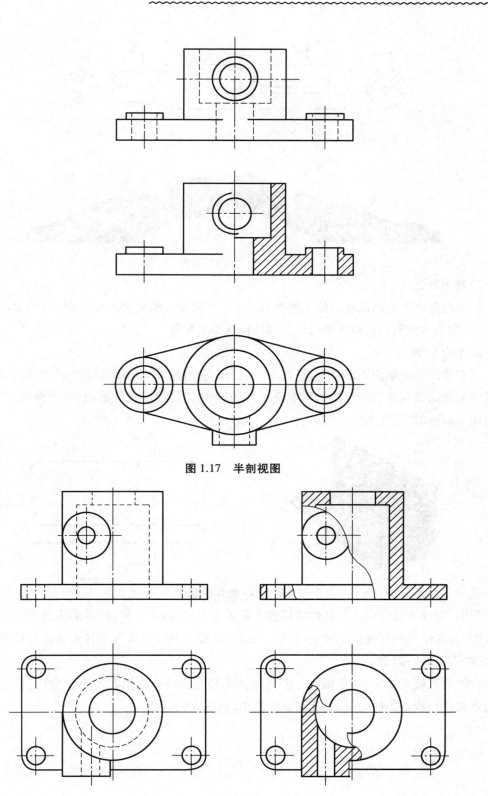

图 1.17 半剖视图

图 1.18 局部剖视图

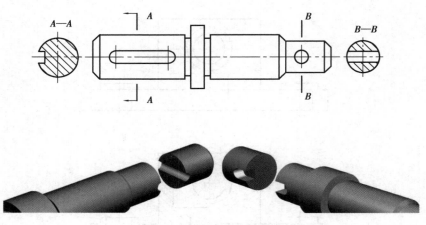

图 1.19　轴的断面图

1）移出断面

画在视图之外的断面称为移出断面,如图 1.19 所示。绘制移出断面时,其轮廓用粗实线画出,并尽量画在剖切符号的延长线上或按投影关系配置。

2）重合断面

画在视图内的断面图形称为重合断面,重合断面的轮廓线用细实线绘制,如图 1.20 所示。当视图的轮廓线与重合断面的图形重叠时,视图中的轮廓线应连续画出,不能间断。同样的,断面图不对称时,须注明投影方向。

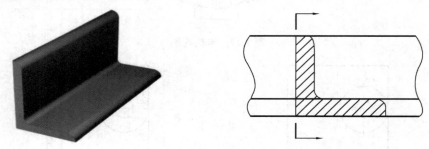

图 1.20　重合断面图

视图、剖视图及断面图是机件常用的主要表达方法,除此之外,机件的表达方法还有局部放大图、简化画法和其他规定画法以及一些诸如螺纹、齿轮、键等标准件和连接件的规定画法等,此处不再一一列举。

在绘制机械图样时,应根据机件的具体结构和形状综合应用各种表达方法,在完整清晰地表达机件形状结构的前提下,力求制图简单,识图方便。

1.4　零件图的识读

1.4.1　零件图的概述

零件是组成机器或部件的基本单元,任何机器或部件都由若干个零件按一定的装配关系、技术要求装配而成。如图 1.21 所示,图中给出了连杆体总成示意图、活塞连杆组示意图以及发动机的曲柄连杆机构图,从图中可以看到连杆体的形状结构及其工作位置。连杆的主要作用是连接活塞和曲轴,并将活塞所受的作用力传给曲轴,将活塞的往复运动转变为曲轴的旋转运动。连杆组由连杆体总成、连杆大头盖、连杆小头衬套、连杆大头轴瓦和连杆螺栓(或螺钉)等组成。而连杆体总成从结构上来讲分为 3 个部分,与活塞销连接的部分称为连杆小头;与曲轴连接的部分称为连杆大头,连接小头与大头的杆部称为连杆杆身。连杆结构复杂,其通常在大头处分开为连杆体和连杆盖两个零件,两者通过螺纹连接组合而成。在连杆的实际生产加工过程中,往往是将连杆直接锻造成一个整体,然后采用机械加工配合线切割、激光切割或者胀裂等方式从大头部位将其拉断。

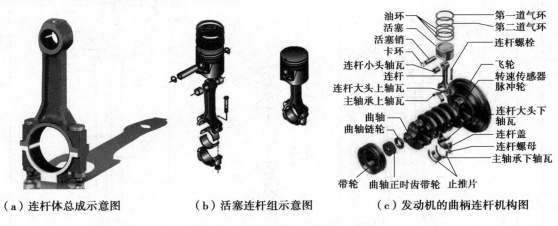

（a）连杆体总成示意图　　　（b）活塞连杆组示意图　　　（c）发动机的曲柄连杆机构图

图 1.21　连杆体及其工作位置

零件图是制造和检验零件的依据,用它来表达零件的结构形状、尺寸大小及制造时要求达到的技术要求,是直接用于指导生产的重要技术文件。

如图 1.21(a)所示的连杆体总成中,连杆体和连杆盖的零件图分别如图 1.22 和图 1.23 所示。零件图作为机械图样的一种,其组成内容同样包含一组图形、尺寸、技术要求和标题栏 4 个部分。

1.4.2　零件视图的选择

要把零件的构造正确、完整、清晰地表达出来,并能方便读图和绘图,关键是合理地选择零件视图。

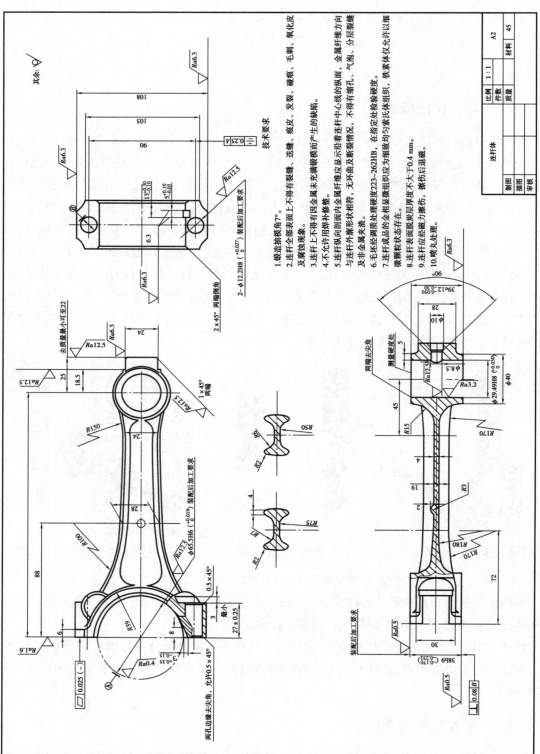

技术要求

1. 锻造抽模角7°。
2. 连杆全部表面上不得有裂缝、迭缝、疤皮、发裂、碎痕、毛刺、氧化皮及腐蚀现象。
3. 连杆上不得有因金属未充满锻模而产生的缺陷。
4. 不允许用焊补修整。
5. 连杆纵剖面内金属纤维应显示沿着连杆中心线的纵剖面，金属纤维方向与连杆外廓形状相符，无环曲及断裂情况，不得有缩孔、气泡、分层裂缝及非金属夹杂。
6. 毛坯经调质处理硬度223~262HB，在指定处检验硬度。
7. 连杆成品的金相显微组织应为细致均匀索氏体组织，铁素体仅允许以细微晶粒状态存在。
8. 连杆表面脱碳层厚度不大于0.4 mm。
9. 连杆应经磁力探伤，探伤后退磁。
10. 喷丸处理。

图1.22　连杆体

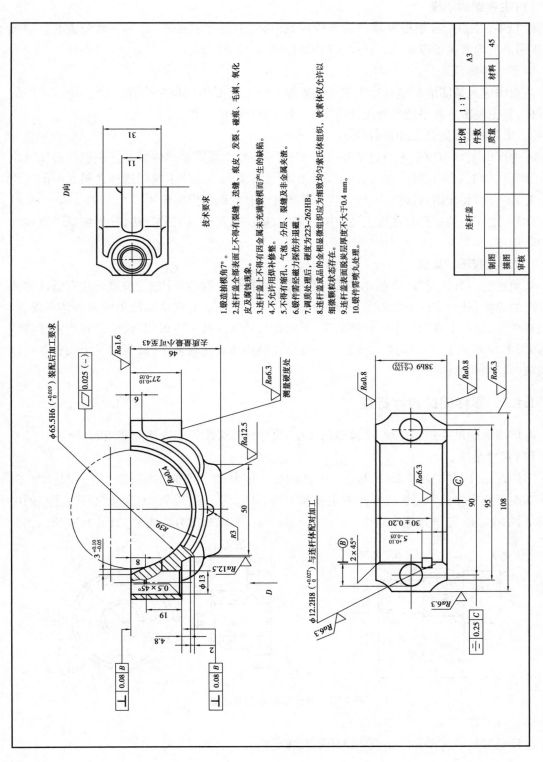

技术要求

1. 锻造拔模锥角7°。
2. 连杆盖全部表面上不得有裂缝、迭缝、疤痕、发裂、破皮、毛刺、氧化皮及腐蚀现象。
3. 连杆盖上不得有因金属未充满锻模而产生的缺陷。
4. 不允许用焊补修整。
5. 不得有缩孔、气泡、分层、裂缝及非金属夹渣。
6. 锻件需力探伤并退磁。
7. 调质处理后，硬度为223~262HB。
8. 连杆盖成品的金相显微组织应为细致均匀索氏体组织，铁素体仅允许以细微颗粒状态存在。
9. 连杆盖表面脱装层厚度不大于0.4 mm。
10. 锻件需喷丸处理。

图1.23　连杆盖

	连杆盖	比例	1 : 1	A3
		件数		
		质量	材料	45
制图				
描图				
审核				

（1）主视图的选择

绘制零件图时，必须根据零件的结构特点，首先选择好主视图，再选一组合适的其他视图，并用恰当的方法予以表达。选择主视图时应考虑以下原则：

1）形状特征原则

主视图应该最能清楚地表达零件各组成部分的主要形状和相对位置。对于图 1.22 中的连杆体，其主视图方向最能反映连杆体大头、小头及杆身的形状。

2）加工位置原则及工作位置原则

零件图的主要作用是为制造零件提供依据，为检验产品质量提供数据。主视图的摆放位置和该零件加工装夹位置一致时，便于对照图样进行加工。零件主视图选择在机器中的工作位置时，可以与装配图直接对照，进一步了解零件图在装配图中的作用。

此外，主视图的选择在注重上述原则的同时，应注意其他视图的表达，并尽量减少其他视图中的虚线。

（2）其他视图的选择

其他视图应有针对性，有独立存在的意义，其选择应根据零件构造，按照表达完整性和便于看图的原则，补充主视图的不足，并尽量选择最少的视图。有些结构简单的回转体零件，如轴类零件等，用一个视图加上一些断面图，再配合尺寸标注及文字说明，就可以表达完整的零件，如图 1.19 所示的轴。而图 1.23 所示的连杆盖结构相对比较复杂，需要用 3 个或者 3 个以上的视图才能表达清楚。

1.4.3　零件图的尺寸标注

零件图上的尺寸是零件加工、检验的依据，尺寸标注必须做到准确、完整和合理。

（1）尺寸基准

零件在设计、制造和检验时，标注尺寸的起始点称为尺寸基准。在图样上标注尺寸时，都是从基准开始出发的。通常以零件的主要加工面、对称中心面、端面、轴肩、结合面、孔轴的中心线、对称中心线等作为尺寸基准。根据基准的不同，可将基准分为两类，如图 1.24 所示。

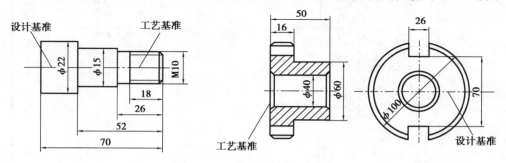

图 1.24　设计基准和工艺基准

1）设计基准

设计基准是根据零件的结构和设计要求选定的。

2）工艺基准

工艺基准指为了便于加工和测量而选定的尺寸基准。

（2）零件图中标注尺寸的注意事项

1）零件的重要尺寸应直接注出

如图 1.25 所示，尺寸 60 是装配尺寸、尺寸 a 是定位尺寸，它们的精度将直接影响零件的使用性能，因此，必须直接标出。

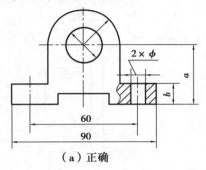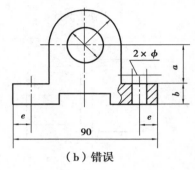

（a）正确　　　　　　　　　　　　（b）错误

图 1.25　零件的重要尺寸应直接注出

2）不能标注成封闭的尺寸链

如图 1.26 所示，封闭尺寸链是指尺寸的首尾相接，绕成一整圈。这样标注的每个尺寸的精度都会受到其他尺寸的影响，精确度难以得到保证，因此，应在封闭尺寸链中选择最次要的尺寸（如图 1.26 中 B 尺寸）空出不标注。

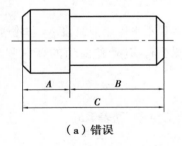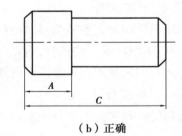

（a）错误　　　　　　　　　　　　（b）正确

图 1.26　避免标注成封闭的尺寸链

3）尺寸标注要便于测量和加工

所标注的尺寸应方便测量，如图 1.27 所示。按照加工顺序标注，便于识图和加工，如图 1.28 所示。

1.4.4　零件图的技术要求

（1）表面粗糙度

零件的各个表面不管加工得多么光滑，在显微镜下观察时，仍然可以看到凹凸不平的情况。加工零件表面上具有较小间距和峰谷所组成的微观几何形状特性称为表面粗糙度。表面粗糙度与加工方法、切削刀具和工件材料等各种因素都有密切关系。

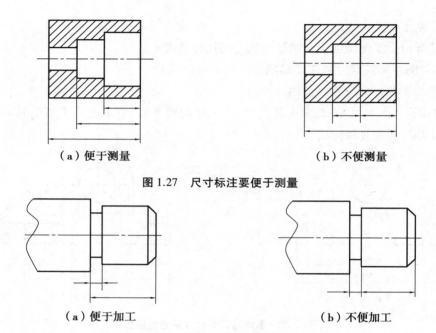

（a）便于测量　　　　　　　　　　　（b）不便测量

图 1.27　尺寸标注要便于测量

（a）便于加工　　　　　　　　　　　（b）不便加工

图 1.28　尺寸标注要便于加工

1）表面粗糙度的评定参数

对于零件表面结构的状况,可由 3 类参数加以评定:轮廓参数(由 GB/T 3505—2009 定义)、图形参数(由 GB/T 18618—2009 定义)、支承率曲线参数(由 GB/T 18778.2—2003 和 GB/T 18778.3—2006 定义)。

常用粗糙度的评定参数为:轮廓算术平均偏差 Ra、微观不平度十点高度 Rz 和轮廓最大高度 Ry,其中 Ra 是算术平均偏差,指在一个取样长度内,纵坐标 $Z(x)$ 绝对值的算术平均值(单位:μm),是我国机械图样中最常用的评定参数之一。

2）表面粗糙度符号及意义

表面粗糙度符号由国家标准规定的符号和有关参数值组成,见表 1.5。

表 1.5　表面粗糙度符号

符　号		意　义
基本符号	 √	表示用任何方法获得的表面粗糙度,单独使用没有意义
加工符号	 √	基本符号上加一短划,表示用去除材料的方法获得的表面粗糙度,如车、铣、钻、磨等
毛坯符号	 √	基本符号上加一小圆,表示用不去除材料的方法获得的表面粗糙度,如锻、铸、冲压、粉末冶金等

3）表面粗糙度的标注

表面粗糙度应标注在可见轮廓线、尺寸线、尺寸界限或其延长线上,对每一表面一般只注一次,并尽可能地注在相应的尺寸及其公差的同一视图上。表面粗糙度的注写和读取方向与尺寸的注写和读取方向一致。在不致引起误解时,表面粗糙度要求可以标注在给定的尺寸线上。表面粗糙度要求可标注在几何公差框格的上方。圆柱和棱柱的表面粗糙度要求只标注一次。当零件的大部分表面具有相同的表面粗糙度时,对其中使用最多的一种符号可以统一标注在图样的右下方,并加注(√),如图 1.29 所示。

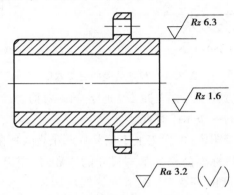

图 1.29　表面粗糙度标注示例

(2)尺寸公差与配合

1）零件的互换性

零件的互换性是指同一规格的任一零件,在装配时不经挑选或修配就能达到预期的配合性质,满足使用要求。零件具有互换性,不但给机器装配、修理带来方便,更重要的是为机器的现代化大量生产提供可能性。而零件图中的尺寸公差与配合便是实现零件互换的技术指标。

2）尺寸公差

在零件的加工过程中,由于设备、夹具、测量误差等的影响,不可能把零件的尺寸做得绝对准确。为了保证零件的互换性,就必须将零件尺寸的加工误差限制在一定范围内,这个允许的变动范围就是尺寸公差。尺寸公差的有关术语如图 1.30 所示。

尺寸公差的含义如下:

①基本尺寸:零件设计时所给定的尺寸。

②实际尺寸:零件加工后实际测量所得的尺寸。

③极限尺寸:加工零件时允许尺寸变化的两个极限值,其中较大的尺寸值称为最大极限尺寸;较小的尺寸值称为最小极限尺寸。

④极限偏差(简称"偏差"):极限偏差分为孔、轴上偏差(分别用 ES、es 表示)和孔、轴下偏差(分别用 EI、ei 表示)。上偏差为最大极限尺寸减去其基本尺寸所得的代数差;下偏差为最小极限尺寸减去其基本尺寸所得的代数差。

⑤尺寸公差(简称"公差"):允许零件尺寸的最大变动量。公差值等于最大极限尺寸减

23

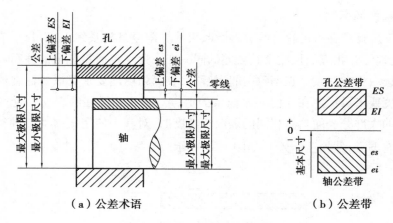

（a）公差术语　　　　　（b）公差带

图 1.30　尺寸公差的有关术语

去最小极限尺寸的绝对值,也等于上偏差减去下偏差的绝对值。

⑥零线:表示基本尺寸的一条水平直线。

⑦尺寸公差带:在公差带图中,由代表上下偏差的两条直线所限定的一个带状区域。

⑧标准公差和公差等级:标准公差是基本尺寸的函数,使用以确定公差带大小的任意公差;公差等级是确定尺寸精度的等级,也称精度等级。国家标准将公差等级分为 20 级,即 IT01、IT0、IT1～IT18,其中 IT 表示公差等级,数字表示公差等级代号。从 IT01 到 IT18,等级依次降低。

⑨基本偏差:用以确定公差带相对于零线位置的上偏差或下偏差,即距离零线较近的偏差,如图 1.31 所示。

3)配合

在机器装配中,将基本尺寸相同的、相互结合的孔和轴公差带之间的关系,称为配合。国标将配合分为以下 3 类:

①间隙配合:孔的公差带在轴的公差带之上,任取其中一对孔轴相配合均成为具有间隙的配合(包括最小间隙为零)。

②过盈配合:孔的公差带在轴的公差带之下,任取其中一对孔轴相配合均成为具有过盈的配合(包括最小过盈为零)。

③过渡配合:孔的公差带与轴的公差带相互重叠,任取其中一对孔轴相配合,可能具有间隙的配合也可能具有过盈的配合。

4)配合的基准制

国家标准对配合规定了基孔制和基轴制两种基准制度。

①基孔制:基本偏差为一定的孔的公差带,与不同基本偏差的轴的公差带形成各种配合的一种制度。基孔制配合中的孔称为基准孔,其基本偏差代号为 H,且基本偏差(下偏差)数值为 0。

②基轴制:基本偏差为一定的轴的公差带,与不同基本偏差的孔的公差带形成各种配合的一种制度。基轴制配合中的轴称为基准轴,其基本偏差代号为 h,且基本偏差(上偏差)数值为 0。

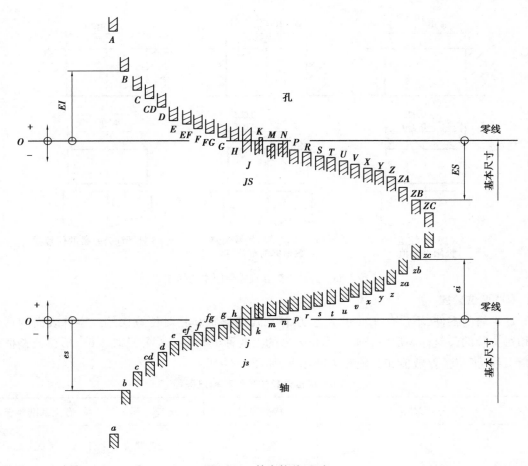

图 1.31　基本偏差系列

5）公差与配合的标注

在装配图中的标注如图 1.32 所示，配合的代号由两个相互结合的孔和轴的公差带代号组成，用分数形式表示，分子为孔的公差带代号，分母为轴的公差带代号。

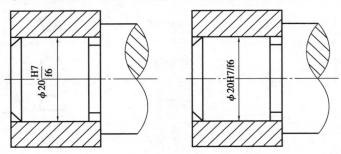

图 1.32　公差与配合在装配图中的标注

在零件图上标注的公差有 3 种形式，如图 1.33 所示。第一种只注公差带的代号，此种注法适用于大批量生产；第二种只注极限偏差数值，此种注法适用于单件、小批量生产，以便于加工、检验时对照；第三种既注公差带的代号，又注极限偏差数值。

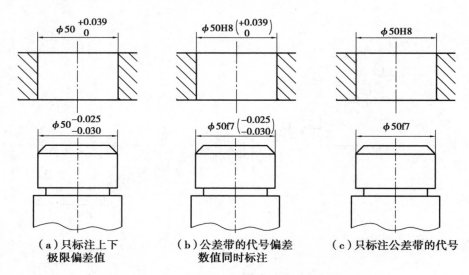

（a）只标注上下
极限偏差值

（b）公差带的代号偏差
数值同时标注

（c）只标注公差带的代号

图 1.33　公差与配合在零件图中的标注

（3）形位公差

加工后的零件,不仅存在尺寸误差,还存在几何形状和相对位置误差。零件表面的形状和相对位置的公差称为形位公差。形位公差的主要种类和标记符号见表 1.6。形位公差框格和指引线、形位公差数值和其他有关符号等,如图 1.34 所示。

表 1.6　形位公差的种类和标记符号

公　　差		特征项目	符　　号	有无基准要求
形状	形状	直线度	—	无
		平面度	▱	无
		圆度	○	无
		圆柱度	⌀	无
形状或位置	轮廓	线轮廓度	⌒	有或无
		面轮廓度	⌓	有或无
位置	定向	平行度	∥	有
		垂直度	⊥	有
		倾斜度	∠	有

续表

公差		特征项目	符 号	有无基准要求
位置	定位	同轴度	◎	有或无
		对称度	＝	有
		位置度	⊕	有
	跳动	圆跳动	↗	有
		全跳动	↗↗	有

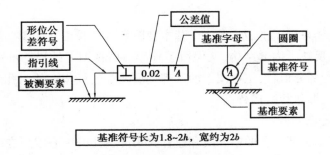

图 1.34　形位公差代号和基准代号

1.4.5　零件图的识读

(1)读零件图的方法和步骤

读零件图的方法和步骤如下:

1)概括了解

看标题栏,了解零件的名称、材料、绘图比例等内容。从名称上可以判断出该零件属于哪一类零件,初步设想其可能的结构和作用;从材料上可大致了解其加工方法。

2)表达分析

先了解零件图上各个视图的配置以及视图之间的关系,从主视图入手,应用投影规律,结合形体分析法和线面分析法,以及对零件常见结构的了解,逐个弄清各部分结构,然后想象出整个零件的形状。

分析该零件共有几个视图,表达意图是什么,采用了什么剖视,以及使用斜视图、局部视图的目的。

3)尺寸和技术要求分析

先确定零件的长度、宽度和高度方向的主要尺寸基准,然后按照零件的形体分析,了解零件各部分的定形尺寸、定位尺寸以及零件的总体尺寸。

根据图上标注的表面粗糙度、尺寸公差、形位公差及其他技术要求,进一步了解零件的结构特点和设计意图。

4)综合归纳

将零件的结构形状、尺寸和技术要求综合起来考虑,把握零件的特点,以便在制作、加工时采取相应的措施,保证零件的设计要求。

不清楚的地方必须查阅有关的技术资料。如发现错误或不合理的地方,协同有关部门及时解决,使产品不断改进。

(2)读零件图举例

接下来,以图 1.22 所示连杆体的零件图为例,按上述步骤进行读图。

1)概括了解

由图 1.22 可知,零件的名称为连杆体。属于叉架类零件,两端具有圆柱形空心结构(连杆小头和连杆大头),中间由长杆件(连杆杆身)连接,材料为 45 号钢,结合技术要求第一条可知,零件为锻造毛坯通过一定的切削加工成型,绘图比例为 1:1。

2)表达分析

由图可知,连杆体采用了主、左、俯 3 个基本视图和两个移出断面图。主视图和俯视图上均采用了局部剖,既反映了内部结构,又保留了外形。俯视图上的局部剖反映了连杆小头的内部结构和连杆杆身部分形状,主视图上的局部剖反映了连杆头上的内孔结构。两个移出断面反映了连杆杆身的形状和结构特点。

3)尺寸和技术要求分析

由图可知,连杆小头部位孔的中心线和连杆大头部位孔的中心线所在的分割面分别是连杆体长度方向的主要基准和辅助基准;连杆体上下对称、前后对称,所以对称中心面就分别是高度方向和宽度方向的主要基准。通过连杆杆身结构特点结合技术要求,可以判断出该零件在工作过程中受力较大,因此,对零件的综合性能要求较高。连杆杆身与小头、大头连接处均采用大圆弧光滑过渡,主要是为了避免应力集中。

4)综合归纳

经过以上分析可得出,连杆体是一个中等复杂的叉架类零件,是由毛坯锻件经过调质、车、铣、钻、扩、铰、镗、磨、喷丸等多道工序加工而成。

1.5 装配图的识读

1.5.1 装配图概述

表达机器或部件的图样,称为装配图。装配图是表示机器或部件的装配关系、工作原理、传动路线、零件的主要结构形状以及装配、检验、安装时所需的尺寸数据和技术要求的技术文件。

装配图作为机械图样的一种,其组成内容同样包含一组图形、尺寸、技术要求、标题栏及明细表 4 个部分,如图 1.35 所示的连杆体总成。

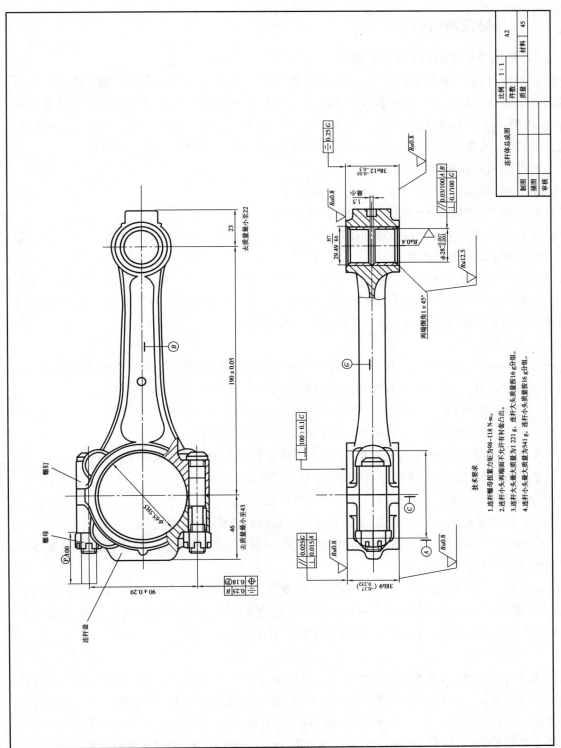

图1.35　连杆体总成装配图

1.5.2 装配图的识读

（1）识读装配图的目的及一般要求

在生产过程中，从机器的设计到制造、技术交流、使用和维修都需要装配图。读懂装配图的目的是要从装配图中了解机器或部件的工作原理、各零件的相互位置和装配关系以及主要零件的结构，了解部件或机器的性能、功用和工作原理，弄清各个零件的作用和它们之间的相对位置、装配关系、链接和固定方式以及拆装顺序等，看懂各零件的主要结构形状。

读装配图的要求包括：

①了解机器或部件的用途、工作原理及结构。

②了解零件间的装配关系以及它们的装拆顺序。

③弄清零件的主要结构形式和作用。

（2）识读装配图的步骤

1）概括了解装配体

从标题栏和明细栏可以了解装配体的名称、各零（部）件的名称、数量和材料等，从这些信息中就能初步判断装配体及其组成零件的作用和制造方法等。

2）表达分析

分析各视图之间的关系，找出主视图，弄清各视图所表达的重点，要注意找出剖视图的剖切位置以及向视图、斜视图和局部视图的投射方向和表达部位等，理解表达意图。

3）分析装配体的工作原理和各零件之间的装配关系

概括了解后，还要进一步仔细阅读装配图，一般方法如下：

①从主视图入手，根据各装配干线，对照零件在各视图中的投影关系。

②由各零件剖面线的不同方向和间隔，分清零件轮廓的范围。

③由装配图上所标注的配合代号，了解零件间的配合关系。

④根据常见结构的表达方法，来识别零件，如油杯、轴承、密封结构等。

⑤根据零件序号对照明细栏，找出零件数量、材料、规格，帮助了解零件作用和确定零件在装配图中的位置和范围。

⑥利用一般零件结构有对称性的特点，以及相互连接两零件的接触面应大致相同的特点，帮助想象零件的结构形状。有时还需借助有关的零件图，才能彻底读懂装配图，了解机器（或部件）的工作原理、装配关系以及各零件的功用和结构特点。

4）分析零件

随着看图的深入，进入分析零件阶段。分析零件的目的是弄清零件的结构形状和各零件间的装配关系。一台机器（或部件）上有标准件、常用件和一般零件。对于标准件和常用件一般是容易弄懂的，但是对于一般的加工件结构有简有繁，它们的作用和地位各不相同，应先从主要零件开始分析，运用前面的方法确定零件的范围、结构、形状、功用和装配关系。

5）归纳总结

在对装配关系和主要零件的结构进行分析的基础上，还要对技术要求、全部尺寸进行研究,进一步了解机器(或部件)的设计意图和装配工艺性。最后归纳总结:装配和拆卸顺序、运动时怎样在零件间传递、系统是怎样润滑和密封的。

1.6　零部件测绘实验

"测绘"一词从字面上看是"测量"和"绘图"之意,其目的在于还原产品或零件制造所需的工程技术信息,最终绘制出工程图纸。选择连杆作为对象,通过测绘实验进行机械部件的解体和复原、零件测量,零件草图、装配示意图的绘制及标准化等。

1.6.1　实验目的

①巩固已学的机械识图基础知识,学会常用测绘工具、量具的使用方法。
②掌握测绘的基本方法和步骤,培养初步的部件或零件的测绘能力。

1.6.2　测绘实验任务

①拆卸、装配连杆部件并绘制装配示意图。
②绘制连杆部件的零件草图。
③绘制装配图。

1.6.3　实验仪器

零件测绘实验仪器包括测绘对象、常用拆卸工具和测量工具。
①测绘对象:连杆。
②常用拆卸工具:扳手、手锤、手钳、螺丝刀等。
③常用测量工具:钢直尺、游标卡尺、螺旋千分尺、内外卡钳、螺纹规等,见表1.7。

表 1.7　常用量具及其使用方法

测量对象	图　例	使用说明
测量线性尺寸		测量尺寸可用钢直尺和直角尺测量

续表

测量对象	图　例	使用说明
测量直径和深度		直径和深度可用游标卡尺测量
测量壁厚		当无法直接测量壁厚时,可用钢直尺和外卡钳间接测量,再经过简单的计算即可得到所需要尺寸 $$x = A - B$$ $$y = C - D$$
测量孔的中心距		用外卡钳间接测量后,经简单计算即可得到所需尺寸 $$L = A + d_1$$
测量中心高		可用钢直尺结合外卡钳测量 $$H = A + \frac{D}{2}$$

续表

测量对象	图　例	使用说明
测量曲面轮廓	纸　拓印压痕　R_3 R_2 R_1	测量曲面轮廓常用拓印法。用纸印下曲面的轮廓形状,然后用三点定圆法定出圆弧的圆心,再量出半径
测量螺纹的螺距	1.75　1.5	用螺纹规测量螺纹螺距,用游标卡尺测量大径,再查表核对螺纹标准

1.6.4　实验内容与步骤

(1)测绘准备

2~3 人一组,领取部件、量具、工具等,了解部件并绘制装配示意图。仔细阅读有关资料,了解测绘对象——连杆部件的用途、性能、工作原理、结构特点以及装配关系等,可参考图 1.21。

装配示意图是机器或部件拆卸过程中所画的记录图样,是绘制装配图和重新进行装配的依据。它所表达的内容主要是各零件之间的相互位置、装配与连接关系以及传动路线等。装配示意图的画法没有严格的规定,通常用简单的线条画出零件的大致轮廓,有些零件可参考有关参考资料的机构运动简图符号画出。装配示意图是把装配体看成透明体画出的,既要画出外部轮廓,又要画出内部构造,对各零件的表达一般不受前后层次的限制,其顺序可从主要零件着手,依次按装配顺序把其他零件逐个画出。装配示意图一般只画一两个视图,而且两接触面之间要留有间隙,以便区分不同零件。

装配示意图上应按顺序编写零件序号,并在图样的适当位置上按序号注写出零件的名称及数量,也可直接将名称注写在指引线的水平线上。

连杆部件相对简单,主要包括连杆体、连杆盖、螺栓及螺母。

为方便装配,应对拆下的每个(组)零件扎上标签,并在标签上注明与装配示意图一致的序号及名称。

(2)确定视图表达方案

除标准件外,装配体中的每一个零件都应根据零件的内、外结构特点,选择合适的表达方案绘制零件图。由于螺栓及螺母是标准件,因此只需绘制杆体与连杆盖。

根据零件的工作位置确定主视图方向,再按零件的结构特点选取其他的视图和剖视、断面等表达方法。

(3)绘制零件草图

测绘工作一般在机器所在现场进行,经常采用目测的方法徒手绘制零件草图,画草图的步骤与画零件图相同,不同之处在于目测零件各部分的比例关系,不用绘图仪器,徒手画出各视图。为了便于徒手绘图和提高工效,草图也可画在坐标纸上。

(4)量注尺寸

选择尺寸基准,画出应标注的尺寸界线、尺寸线及箭头。最后测量零件尺寸,将其尺寸数字填入零件草图中,应特别注意尺寸的完整性及相关零件之间的配合尺寸或关联尺寸的协调一致。

(5)确定并标注有关技术要求

①根据零件各表面的作用和加工情况用代号标注表面结构。

②根据设计要求和各尺寸的作用注写尺寸公差要求。

③形位公差由设计、制造及使用要求决定。

④其他技术要求用符号或文字说明。

(6)绘制装配图

根据装配示意图和零部件草图绘制装配图,这是测绘的主要任务。装配图不仅要求表达出装配体的工作原理和装配关系以及主要零件的结构形状,还要检查零件草图上的尺寸是否协调合理。在绘制装配图的过程中,若发现零件草图上的形状或尺寸有错,应及时更改后方可画图。装配图画好后必须注明该机器或部件的规格、性能及装配、检验、安装时的尺寸,还必须用文字说明或采用符号标注形式指明机器或部件在装配、调试、安装使用中的技术条件。最后应按规定要求填写零件序号和明细栏、标题栏的各项内容。

(7)绘制零件图

根据装配图和零件草图绘制零件图,注意每个零件的表达方法要合适,尺寸应正确、可靠。零件图技术要求采用类比法,也可按指导教师的规定标注。最后应按规定要求填写标题栏的各项内容。

(8)测绘总结

完成以上测绘任务后,对图样进行全面检查、整理,并总结测绘经验。

1.6.5 实验报告及上交文档

①根据实验过程步骤,总结测绘经验,形成测绘总结。

②连杆装配示意图(每人一份)。

③全部零件草图(每组一套填写绘制者姓名)。

④计算机绘制的零件图(每组一套),装配图一张。

1.6.6 思考题

①分析尺寸标注,认识哪些是定形尺寸。

②思考游标卡尺的使用注意要点。

第**2**章
机构创新设计

2.1　机械及机构的基本知识

2.1.1　机械及机构

机械是机器和机构的总称,是利用力学原理构成的装置。机构指两个或两个以上的构件通过活动连接以实现规定运动的构件组合,用来传递运动和力的可动装置。机构的主要类型有连杆机构、凸轮机构、齿轮机构、间歇运动机构、螺旋机构、开式链机构等,如图 2.1所示。

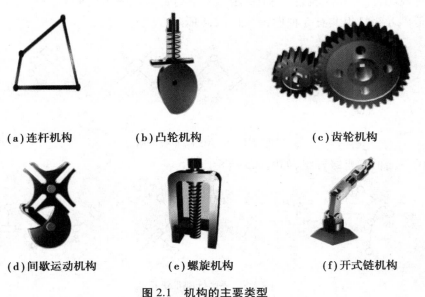

(a)连杆机构　　　　(b)凸轮机构　　　　(c)齿轮机构

(d)间歇运动机构　　　(e)螺旋机构　　　(f)开式链机构

图 2.1　机构的主要类型

2.1.2　机构自由度及运动副

机构自由度是指机构具有的独立运动的数目。构件指机器中每一个独立的运动单元体。运动副指两构件直接接触并能产生一定的相对运动的连接。运动副元素:两构件直接接触而构成运动副的点、线、面部分。约束指运动副对构件的独立运动所加的限制。运动副每引入一个约束,构件就失去一个自由度。

(1)根据运动副所引入的约束数目分

根据运动副所引入的约束数目分,可分为Ⅰ级副、Ⅱ级副、Ⅲ级副、Ⅳ级副和Ⅴ级副。引入1个约束的运动副称为Ⅰ级副,引入2个约束的运动副称为Ⅱ级副,引入3个约束的运动副称为Ⅲ级副,引入4个约束的运动副称为Ⅳ级副,引入5个约束的运动副称为Ⅴ级副。

(2)根据运动副的接触形式分

根据运动副的接触形式分,可分为低副和高副两种,如图2.2所示。

①低副:构件与构件之间为面接触,其接触部分的压强较低。

②高副:构件与构件之间为点、线接触,其接触部分的压强较高。

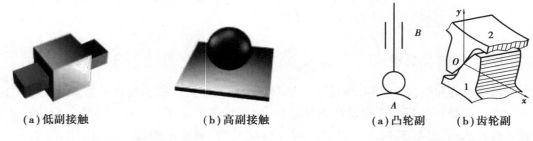

（a）低副接触　　　　（b）高副接触　　　　（a）凸轮副　　（b）齿轮副

图2.2　运动副分类　　　　　　图2.3　单构件高副杆组

单构件高副杆组(一个构件、一个低副和一个高副),如图2.3所示。

平面低副Ⅱ级杆组共有5种形式,如图2.4所示。

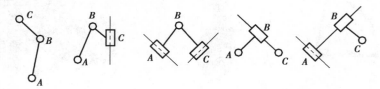

图2.4　平面低副Ⅱ级杆组

常见的平面低副Ⅲ级杆组,如图2.5所示。

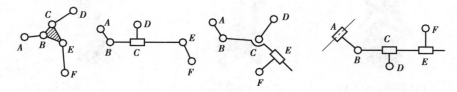

图2.5　平面低副Ⅲ级杆组

2.2　机构创新设计

2.2.1　机构创新设备

一组机构系统创新组合模型(包括 4 个架)的基本配置所含组件如下:

(1)接头

接头分单接头和组合接头两种。单接头有 5 种形式,组合接头有 4 种形式。

①接头 J1 螺纹分左旋和右旋两种。方头的侧面上,为 12×12 方通孔。

②单接头 J2 螺纹分左旋和右旋两种。方头的侧面上,为 $\phi12$ 圆通孔。

③单接头 J3 螺纹全部为右旋,方头的侧面上为 12×12 方通孔,且螺杆端有一段 $\phi12$ 的过渡杆,根据长度的不同分为 6 种,即从短至长适应 1~6 层的分层需要,便于不同层次连接选择。

④单接头 J4 为 L 形状,两垂直面上,一面为方通孔,另一面为圆通孔。

⑤单接头 J5 有一方孔,其两垂直右旋螺杆上有一端带有 $\phi12$ 圆柱,根据圆柱长度不同分为 6 种,即从短至长适应 1~6 层的分层需要,便于不同层次连接选择。

⑥组合接头 J1/J7 有两种。J1 与 J7 之间可相对旋转。两种组合接头的组合形状一样,但其中一种为一右旋和一左旋螺纹,另一种为两左旋螺纹。

⑦组合接头 J6/J4,J6 与 J4 之间可相对旋转。其中,J6 为带方孔的方块。

⑧组合接头 J6/J7,J6 与 J7 之间可相对旋转。其中,J6 为带方孔的方块。

(2)连杆

①连杆为正方形杆件,可套在接头的方孔内进行滑动和固定,共有 7 种不同长度,可用于各种拼接。杆长在 60~300 mm 内能分段无级调整,超过 300 mm 的杆可另行组装而成。小于 60 mm 的杆件可利用齿轮或凸轮上的偏心孔。连杆的 7 种长度尺寸,见表 2.1。

表 2.1　连杆长度表

代号	L-60	L-100	L-140	L-180	L-220	L-260	L-300

②连杆两端各有右旋及左旋 M8 螺孔,可通过 ZLM 齿条连接螺钉将连杆相互连接到所需长度,也可通过 HM-1 换向螺钉将左旋螺孔转为右旋螺孔,两端孔还可根据需要和其他接头零件相连。

(3)凸轮及凸轮副从动组件

凸轮上的 $\phi8$ 通孔可穿入接头螺杆,配合端螺母 DAM 及连杆使凸轮作曲柄使用。

(4)齿轮、齿条

模数相等($m=2.5$)、齿数不同的 6 种直齿圆柱齿轮(其齿数分别为 17、21、25、30、34、43)和 1 种齿条,可提供 43 种传动比。齿轮上分布的 $\phi8$ 通孔与凸轮上的通孔作用相同。

与齿轮模数相等的齿条(ZL),可通过齿条连接螺钉将两齿条连接在一起,中间的 ϕ12 圆孔、20×20 方孔可按需要作固定或插杆作用(ϕ12 通孔可配入 DAM 端螺母和右旋螺杆接头)。

(5)组合机架

组合机架是机构系统创新组合模型的主体,由多种零件组成。

①外框架(ZJ1)。

②内框架(横梁 ZJ2-1、竖梁 ZJ2-2)。

③横向滑杆(ZJ3)。

④滑杆支板(ZJ4)。

⑤竖滑块(左 ZJ5-1、右 ZJ5-2)。

⑥横向滑块(ZJ6)。

⑦轴套(ZJ7)。

⑧锁紧手柄(ZJ9)。

⑨M20 螺母(ZJ10)。

(6)旋转式电动机总成

①旋转减速电动机 1 台(YCJ),其转速为 10 r/min。

②旋转电动机支座 1 件。

③电动机安装螺钉。

(7)减速直线式电动机总成

①直线减速电动机 1 台(YCJZ),其速度为 10 mm/s。

②直线电动机支座 1 件(XH)。

③直线电动机电控盒(DKH)1 套及限位器。

④移动副主动轴(YF)及移动轴端子。

⑤旋转副主动轴(XF)。

(8)用于拼接各种机构形式的其他辅助零件

①皮带轮(PN)配 A 型皮带 L=1 245。

②端螺母(DAM)、垫柱(L4、L20)。

③弹簧(TH)ϕ6×60。

④齿条连接螺钉(ZLM)及左右旋螺母(M8-1、M8-2)。

⑤换向螺钉(HM-1)。

⑥其他标准件(螺钉、平键等)。

2.2.2 机构创新方法与步骤

掌握机构创新原理,初步了解机构创新模型;设计确定机构模型,拟订机构系统运动方案。

(1)正确拆分

从机构中拆出杆组有以下 3 个步骤,如图 2.6 所示。

①先去掉机构中的局部自由度和虚约束。

②计算机构的自由度,确定原动件。

③从远离原动件的一端开始拆分杆组,每次拆分时,先试着拆分出Ⅱ级组,没有Ⅱ级组时,再拆分Ⅲ级组等高级组,最后剩下原动件和机架。

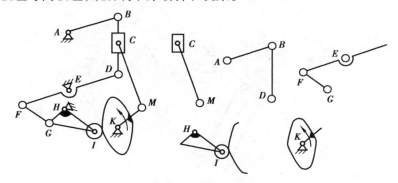

图 2.6　机构拆分步骤

拆组是否正确的判定方法:拆去一个杆组或一系列杆组后,剩余的必须为一个与原机构具有相同自由度的子机构或若干个与机架相连的原动件,不能有不成组的零散构件或运动副存在;全部杆组拆完后,只应当剩下与机架相连的原动件。如图 2.6 所示的机构,首先除去Ⅰ处的局部自由度;然后按步骤②计算机构的自由度:$F=1$,并确定凸轮为原动件;最后根据步骤③的要领,先拆分出由滑块 C 和构件 MC 组成的Ⅱ级 RRP 杆组,接着拆分出由构件 AB 和构件 BD 组成的Ⅱ级 RRR 杆组,再拆分出由构件 EF 和构件 FG 组成的Ⅱ级 RRR 杆组,最后拆分出由构件 GHI 组成的单构件高副杆组,剩下原动件 KM 和机架。

（2）正确拼装杆组

将机构创新模型中的杆组,根据给定的运动学尺寸,在平板上试拼机构。拼接时,首先要分层,一方面使各构件的运动在相互平行的平面内进行,另一方面避免各构件间的运动发生干涉,因此,这一点是至关重要的。试拼之后,从最里层装起,依次将各杆组连接到机架上。

1）移动副的连接

两构件以移动副相连接的方法,如图 2.7 所示。

2）转动副的连接

两构件以转动副相连接的方法,如图 2.8 所示。

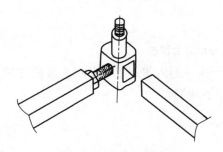

图 2.7　移动副的连接

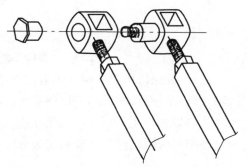

图 2.8　转动副的连接

3）齿条与构件以转动副相连

齿条与构件以转动副形式相连的方法，如图2.9所示。齿条与其他部分连接的方法，如图2.10所示。

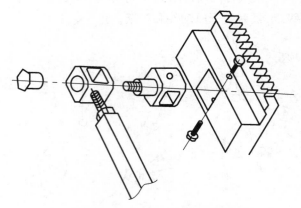

图 2.9　齿条与构件以转动副形式相连接

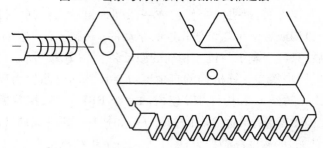

图 2.10　齿条与其他部分的连接

4）构件以转动副的形式与机架相连

连杆作为原动件与机架以转动副形式相连的方法，如图2.11所示。用同样的方法，可将凸轮或齿轮作为原动件与机架的主动轴相连。如果连杆或齿轮不是作为原动件与机架以转动副形式相连，则将主动轴换作螺栓即可。

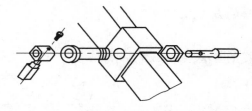

图 2.11　连杆作为原动件与机架以转动副形式相连

注意：为确保机构中各构件的运动都必须在相互平行的平面内进行，可选择适当长度的主动轴、螺栓及垫柱，如果不进行调整，机构的运动就可能不顺畅。

5）构件以移动副的形式与机架相连

移动副作为原动件与机架的连接形式，如图2.12所示。

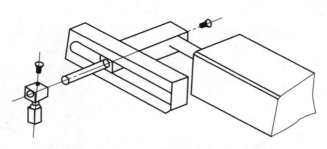

图 2.12　构件以移动副的形式与机架相连

（3）实现确定运动

试用手动的方式驱动原动件,观察各部分的运动都畅通无阻之后,再与电机相连,检查无误后,方可接通电源。

（4）分析机构的运动学及动力学特性

通过观察机构系统的运动,对机构的运动学及动力学特性作出定性的分析。一般包括以下几个方面:

①平面机构中是否存在曲柄;

②输出件是否具有急回特性;

③机构的运动是否连续;

④最小传动角（或最大压力角）是否在非工作行程中;

⑤机构运动过程中是否具有刚性冲击和柔性冲击。

2.2.3　几种典型工程实践机构

（1）导杆摇杆滑块冲压机构

如图 2.13 所示,曲柄为主动件。其杆长为 $L_{AB} = 87$ mm, $L_{CD} = 135$ mm, $L_{AC} = 345$ mm, $L_{DE} = 140$ mm, $L_{AO} = 90$ mm, $L_{OH} = 95$ mm, $h = 480$ mm。

（2）凸轮连杆机构

结构说明:由凸轮与连杆组合成的组合式机构。

工作原理和特点:一般凸轮为主动件,能实现较复杂的运动规律。

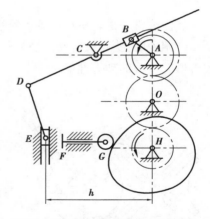

图 2.13　导杆摇杆滑块冲压机构

应用举例:自动车床送料及进刀机构。如图 2.14 所示机构,由平底直动从动件盘状凸轮机构与连杆机构组成。当凸轮转动时,推动杆 DE 往复移动,通过连杆 DB 与摆杆 AB 及滑块 C 带动从动件 CF（推料杆）作周期性往复直线运动。

（3）齿轮连杆机构

如图 2.15 所示为用于打包机中的双向加压机构。摆杆 1 为主动件,通过滑块 2 带动齿条 3 往复移动,使齿轮 4 回转,与之啮合的齿条 5、6 的移动方向相反,以完成紧包的动作。

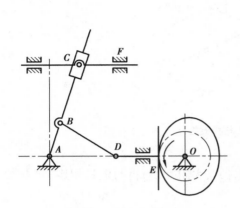

图 2.14 凸轮连杆机构

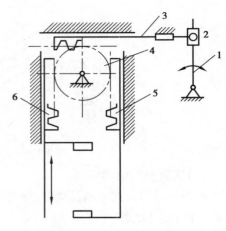

图 2.15 齿轮连杆机构

(4)间歇运动机构

1)槽轮机构与导杆机构

结构说明:图 2.16 为槽轮机构与导杆机构串联而成的机构系统。

工作原理和特点:当杆 1 作匀速回转时,导杆和拨盘 3 作非匀速回转运动。

$$\frac{\mathrm{d}\beta}{\mathrm{d}t} = \frac{\frac{\mathrm{d}\beta}{\mathrm{d}a}}{\frac{\mathrm{d}a}{\mathrm{d}t}}$$

从而改善了槽轮机构的动力特性。

应用说明:槽轮机构动力性能较差,但若将一个转动导杆机构串接在槽轮机构之前,则可改善槽轮机构的动力性能。

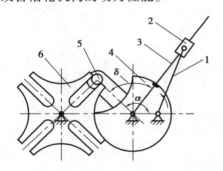

图 2.16 槽轮机构与导杆机构

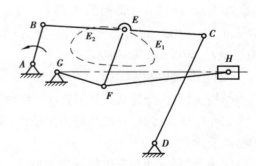

图 2.17 单侧停歇的移动机构

2)单侧停歇的移动机构

结构说明:如图 2.17 所示机构,由六连杆机构 ABCDEFG 和曲柄滑块机构 GFH 串联组合而成。连杆上 E 点的轨迹在 E_1EE_2 段近似为圆弧,圆弧中心为 F。六连杆机构的从动杆 FG 为 GFH 机构的主动件。

工作原理和特点:主动曲柄 AB 作匀速转动,连杆上的 E 点作平面复杂运动,当运动到 E_1EE_2 近似圆弧段时,铰链 F 处于曲率中心,保持静止状态,摆杆 GF 近似停歇从而实现滑块

H 在右极限位置的近似停歇,这是利用连杆曲线上的近似圆弧段实现滑块具有单侧停歇的往复移动。

(5)行程放大机构

1)导杆齿轮齿条机构

结构说明:如图 2.18 所示机构,由摆动导杆机构与双联齿轮齿条机构组成。导块 4 与滑板 5 铰接,在滑板的 E、F 两点分别铰接相同的齿轮 6 和 9,它们分别与固定齿条 8 和移动齿条 7 啮合。

工作原理和特点:通过摆动导杆机构使导杆 1 绕 C 轴摆动,由导块 4、滑板 5 及齿轮 6 的运动,驱动齿条 7 往复移动,齿条的行程为滑板 5 行程的两倍。

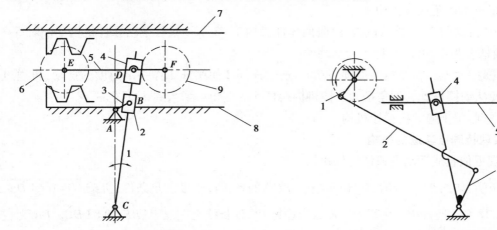

图 2.18　导杆齿轮齿条机构　　　　　图 2.19　多杆行程放大机构

2)多杆行程放大机构

结构说明:如图 2.19 所示机构,由曲柄摇杆机构 1—2—3—6 与导杆滑块机构 3—5—6 组成。曲柄 1 为主动件,从动件 5 往复移动。

工作原理和特点:主动件 1 的回转运动转换为从动件 5 的往复移动。如果采用曲柄滑块机构来实现,则滑块的行程受到曲柄长度的限制。而该机构在同样曲柄长度条件下能实现滑块的大行程。

应用举例:用于梳毛机堆毛板传动机构。

(6)摆角放大机构

1)双摆杆摆角放大机构

结构说明:如图 2.20 所示机构,从动摆杆 2 插入主动摆杆 4 端部滑块 3 中,两杆中心距 a 应小于摆杆 1 的半径 r。

工作原理:当摆杆 1 摆动 α 角时,杆 2 的摆角 β 大于 α,实现摆角增大,各参数之间的关系为:

$$\beta = 2 \arctan \frac{\dfrac{r}{a} \tan \dfrac{\alpha}{2}}{\dfrac{r}{a} - \sec \dfrac{\alpha}{2}}$$

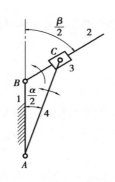

图 2.20 双摆杆摆角放大机构

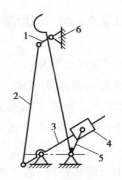

图 2.21 六杆机构摆角放大机构

2)六杆机构摆角放大机构

结构说明:如图 2.21 所示机构,由曲柄摇杆机构 1—2—3—6 与摆动导杆机构 3—4—5—6 组成。曲柄 1 为主动件,摆杆 5 为从动件。

工作原理和特点:当曲柄 1 连续转动时,通过连杆 2 使摆杆 3 作一定角度的摆动,再通过导杆机构使从动摆杆 5 的摆角增大。该机构摆杆 5 的摆角可增大到 200°左右。

应用举例:用于缝纫机摆梭机构。

(7)实现特殊点轨迹的机构

1)实现近似直线运动的铰链四杆机构

结构说明:如图 2.22 所示,双摇杆机构 ABCD 的各构件长度满足条件:机架 $\overline{AD}=0.64\,\overline{DC}$,摇杆 $\overline{AB}=1.18\,\overline{DC}$,连杆 $\overline{BC}=0.27\,\overline{DC}$,E 点为连杆 BC 延长线上一点,且 $\overline{BE}=0.83\,\overline{DC}$。DC 为主动摇杆。

工作原理和特点:当主动件 DC 绕机架铰链点 D 摆动时,E 点轨迹为近似直线。

应用举例:可用于固定式港口用起重机,E 点处安装吊钩。利用 E 点轨迹的近似直线段吊装货物,能符合吊装设备的工艺要求。

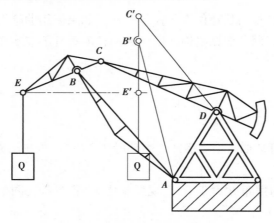

图 2.22 实现近似直线运动的铰链四杆机构

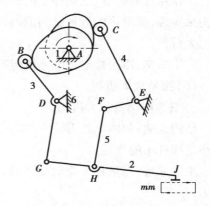

图 2.23 送纸机构

2)送纸机构

结构、工作原理和特点说明:图 2.23 为平板印刷机中用以完成送纸运动的机构,当固接在一起的双凸轮 1 转动时,通过连杆机构使固接在连杆 2 上的吸嘴沿轨迹 *mm* 运动,以完成将纸吸起和送进等运动。

3)铸锭送料机构

结构说明:如图 2.24 所示,液压缸 1 为主动件,通过连杆驱动双摇杆机构 *ABCD*,通过连杆件 4,将从加热炉出料的铸锭 6 送到升降台 7。

工作原理和特点:图中实线位置为出炉铸锭进入盛料器 3 内,盛料器 3 即为双摇杆 ABCD 中的连杆 BC,当机构运动到虚线位置时,盛料器 3 翻转 180°把铸锭卸放到升降台 7 上。

应用举例:加热炉出料设备、加工机械的上料设备等。

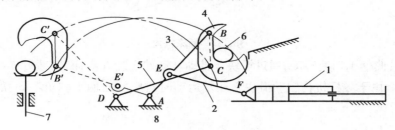

图 2.24　铸锭送料机构

(8)改变机构的运动特性

1)插床的插削机构

工作原理和特点:如图 2.25 所示,在 *ABC* 摆动导杆机构的摆杆 *BC* 反向延长线的 *D* 点上加二级 *RRP* 杆组(连杆 *DE* 和滑块 *E*),成为六杆机构。主动曲柄 *AB* 匀速转动,滑块 *E* 在垂直于 *AC* 的导路上往复移动,具有较大的急回特性。改变 *ED* 连杆的长度,滑块 *E* 可获得不同的运动规律。在滑块 *E* 上安装插刀,机构可作为插床的插削机构。

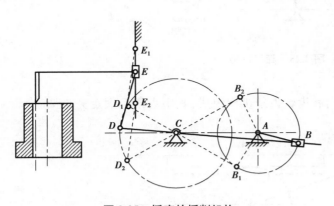

图 2.25　插床的插削机构

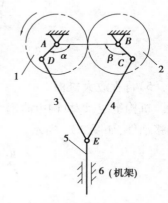

图 2.26　冲压机构

2)冲压机构

机构组成:该机构由齿轮机构与对称配置的两套曲柄滑块机构组合而成,*AD* 杆与齿轮 1 固连,*BC* 杆与齿轮 2 固连,如图 2.26 所示。

工作特点:齿轮 1 匀速转动,带动齿轮 2 回转,从而通过连杆 3、4 驱动冲头杆 5 上下直线运动完成预定功能。

该机构可拆去杆件 5,而 *E* 点运动轨迹不便,故该机构可用于因受空间限制无法安置滑槽但又须获得直线进给的自动机械中。而且对称布置的曲柄滑块机构可使滑块运动受力状态好。

3）插床机构

机构组成：该机构由转动导杆机构与正置曲柄滑块机构组成，如图 2.27 所示。

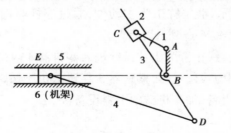

图 2.27　插床机构

工作特点：曲柄 1 匀速转动，通过滑块 2 带动从动件 3 绕 B 点回转，通过连杆 4 驱动滑块 5 作直线移动。由于导杆机构驱动滑块 5 往复运动时对应的曲柄 1 转角不同，故滑块 5 具有急回特性。

4）筛料机构

机构组成：该机构由曲柄摇杆机构和摇杆滑块机构组成，如图 2.28 所示。

工作特点：曲柄 1 匀速转动，通过摇杆 3 和连杆 4 带动滑块 5 作往复直线运动，由于曲柄摇杆机构的急回性质，使得滑块 5 速度、加速度变化较大，从而更好地完成筛料工作。

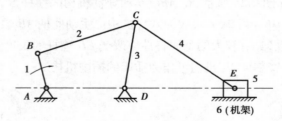

图 2.28　筛料机构

5）行程放大机构

机构组成：该机构由曲柄滑块机构和齿轮齿条机构组成，其中齿条 5 固定为机架，齿轮 4 为移动件，如图 2.29 所示。

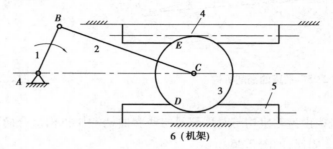

图 2.29　行程放大机构

工作特点：曲柄 1 匀速转动，连杆上 C 点作直线运动，通过齿轮 3 带动齿条 4 作直线移动，齿条 4 的移动行程是 C 点行程的两倍，故为行程放大机构。

2.3　机构创新设计实验项目

2.3.1　机构运动简图的测绘与分析

（1）实验目的

①了解生产中实际使用的机器的用途、工作原理、运动传递过程、机构组成情况和机构的结构分类。

②初步掌握根据实际使用的机器进行机构运动简图测绘的基本方法、步骤和注意事项。

③加强理论与实际的联系，验算机构自由度，进一步了解机构具有确定运动的条件和有关机构结构分析的知识。

（2）实验内容

根据实物和模型，进行机构运动简图的测绘和分析。本实验涉及"机构自由度的计算""机构组成原理""测绘机构运动简图技能"等知识点。

（3）实验原理、方法和手段

从运动学观点来看，机构的运动仅与组成机构的构件和运动副的数目、种类以及它们之间的相互位置有关，而与构件的复杂外形、断面大小、运动副的构造无关，为了简单明了地表示一个机构的运动情况，可以不考虑那些与运动无关的因素（机构外形、断面尺寸、运动副的结构）。而用一些简单的线条和所规定的符号表示构件和运动副（规定符号），并按一定的比例表示各运动副的相对位置，以表明机构的运动特性。

①缓慢转动被测机构的原动件，找出从原动件到工作部分的机构传动路线。

②由机构的传动路线找出构件数目、运动副的种类和数目。

③合理选择投影平面，选择原则为：平面机构的运动平面即为投影平面，对其他机构选择大多数构件运动的平面作为投影平面。

④在草稿纸上徒手按规定的符号及构件的连接顺序。逐步画出机构运动简图的草图，然后用数字标注各构件的序号，用英文字母标注各运动副。

⑤仔细测量机构的运动学尺寸，如回转副的中心距和移动副导路间的相对位置并标注在草图上。

⑥在图纸上任意确定原动件的位置、选择合适的比例尺把草图画成正规的运动简图。比例尺的选定如下：

$$\mu_{\mathrm{L}} = \frac{L_{\mathrm{A}}}{L_{\mathrm{B}}}$$

式中　μ_{L}——比例尺，m 或 mm；

L_{A}——构件的实际长度，m；

L_{B}——图纸上表示构件的长度，mm。

（4）**实验条件**

①各种机器实物,如缝纫机、发动机、插齿机和各种机构模型等。

②钢板尺、卷尺、卡尺、角度尺。

③铅笔、橡皮、三角板、圆规及草稿纸。

（5）**实验步骤**

①在草稿纸上绘制老师所指定的几个机构运动简图,对其中的规定必须按比例尺做正规的机构运动简图的机构应仔细测绘其有关运动学尺寸。

②计算各机构的自由度数,并将结果与实际机构对照,观察是否相等。

③对上述机构进行结构分析(拆分杆组,确定机构的级别)。

（6）**思考题**

①一个正确的"机构运动简图"应能说明哪些内容?

②绘制机构运动简图时,原动件的位置为什么可以任意确定? 会不会影响简图的正确性?

③机构自由度的计算对测绘机构运动简图有何帮助?

2.3.2　机构创新设计实验

（1）**实验目的**

①培养对机械系统运动方案的整体认识。

②加强对机构组成原理的认识,进一步了解机构组成及其运动特性。

③体会设计实际机构时应注意的事项,完成从运动简图设计到实际机构设计的过渡。

④培养创新意识及综合设计的能力和工程实践动手能力。

（2）**实验内容**

①每 1 组完成一个机构运动方案的设计。

②对所设计的机构运动方案进行组装,接通电源后机构能按所设计功能运转。

（3）**实验组织运行要求**

①每组 2~3 人。

②对组装的机构能保证配合精度,运动灵活,无卡滞和干涉现象,接通电源后机构能按所设计的功能运转。

③完成实验报告。

④取拿构件时要注意安全,避免构件滑落时砸伤人。

（4）**思考题**

①通过实验,你认为铰链四杆机构连杆上的点要实现已知的轨迹,哪些是设计中的可调整参数?

②机构设计中,对曲柄摇杆机构,哪些机构位置将可能出现最小传动角? 调整该机构的哪些参数可使最小传动角增大?

第 **3** 章
机械零件常用成形技术

材料成形就是以模具为基本工具使制件获得所需的尺寸和形状的加工方法。它已成为工业生产的重要基础和关键环节。在汽车、仪器、仪表、电器、家电和电子产品中,有大约70%的零部件都要依靠模具成形。所谓成形,实际上有两种含义:一是成形(Forming),即毛坯(一般指固态金属或非金属)在外界压力的作用下,借助于模具通过材料的塑性变形来获得模具所给予的形状、尺寸和性能的制品;二是成型(Molding),即液态或半固态的原材料(金属或非金属)在外界压力(或自身重力)作用下,通过流动填充模型(或模具)的型腔来获得与型腔的形状和尺寸相一致的制品。由于二者都是借助于外界的压力作用通过模具来实现生产的,因此,很多时候也未对二者进行严格区分,都用成形一词来表达。

3.1 铸造成形

将液态金属浇注到具有和机械零件形状相适应的铸型型腔中,经过凝固、冷却之后,获得毛坯或零件的加工成形方法称为铸造成形。铸造成形的制品称为铸件、铸锭、铸坯、铸带等。图3.1是铸件的生产过程。

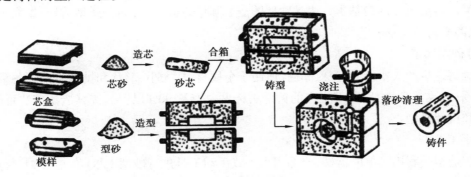

图 3.1 铸件的生产过程

3.1.1 铸造工艺的特点

到目前为止,尽管大部分的金属铸造制品首先制作成毛坯,经机械加工才能成为各种机器零件,但是随着少余量和无余量铸造工艺方法的快速发展,有许多铸造成形制品无须再经机械或其他的加工工序即可满足使用精度和粗糙度的要求而直接使用。因此,金属铸造工艺越来越受到人们的重视。概括起来,铸造成形工艺具有以下特点:

①适应性强。就生产的铸件而言,小至几克,大至数百吨。壁厚从 0.5 mm 到 1 m。长度从几毫米到十几米。可以说,铸造方法不受零件大小、形状和结构复杂程度的限制。铸造方法又可以适用于各种合金的成形,如常用的铁碳合金(铸铁、铸钢)、铝合金、铜合金、镁合金、锌合金等。特别是对一些零件结构异常复杂、合金熔点很高、难变形、价格昂贵的合金成形,只能选择铸造方法。近年来,金属铸造快速成形、特种成形工艺的不断发展,使得金属铸造成形工艺更加具有广泛的适应性。

②尺寸精度高。一般情况下,铸件比锻件、焊接件的尺寸精度高,更接近于零件的尺寸,可节约大量的金属材料和机械加工工时。近年来,快速发展的精确成形技术可节约金属材料 50%~90%,减少机械加工工时 30%~70%,而且成形件的内部质量大大提高。

③成本低。铸件质量在一般机械装备总重中占 40%~80%,在金属切削机床中占 70%~80%,在汽车及农业机械中占 40%~70%,但它的成本仅占总成本的 25%~30%。成本低廉的主要原因:容易实现大量机械化生产;与锻造相比消耗动力少;可铸出形状复杂的零件,加工余量大为减少;废旧金属可以再生利用。

④铸造成形工艺也存在某些不足,由于工艺过程涉及的工序较多,每道工序过程难以精确控制,废品率较高。液态金属成形件一般组织疏松,晶粒粗大,铸件内部有时出现缩孔、缩松、裂纹、偏析等缺陷,导致铸件的某些力学性能降低。另外,铸造工作环境较差,劳动强度高,对周围环境污染较严重,这些缺点随着科技的不断发展和工艺的进步正逐渐得到改善,今天,铸造已成为工业生产中重要的成形工艺之一,正朝着优质、高效、低耗、清洁的方向发展。

3.1.2 铸造成形工艺的分类

铸造成形工艺根据铸型材料、造型工艺和浇注方式的不同,通常分为砂型铸造和特种铸造两大类。铸造成形的最基本方法是砂型铸造。其他铸造方法,如金属型铸造、熔模铸造、压力铸造、离心铸造等通称为特种铸造。

(1)砂型铸造

砂型铸造生产成本低,生产效率高,适用于金属材料、大小、形状和批量不同的各种铸件,应用范围广,灵活性大,用砂型生产的铸件占铸件总产量 90%以上。按其造型方法可分为手工造型和机器造型。

1)手工造型

手工造型是利用简单的器械,全部用手工或手动工具进行砂型(芯)的制作,其特点是操作方便灵活,适应性强,在单件、小批量生产特别是大型复杂铸件的生产中仍有应用,但其中的填砂、搬运、翻转砂箱等笨重操作已大都为机械代替。手工造型操作技术要求高,生产率低,劳动强度大,铸件造型质量不稳定,所以应用范围已逐渐缩小。常用的手工造型方法有两箱造型、三箱造型、脱箱造型、刮板造型、地坑造型等,如图 3.2 所示。常用的手工造型方法的主要特点和适用范围见表 3.1。

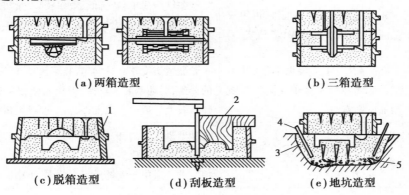

(a)两箱造型　　　　　　　　　　　　　　(b)三箱造型

(c)脱箱造型　　　　(d)刮板造型　　　　(e)地坑造型

图 3.2　常用的手工造型方法

1—加固用套箱;2—刮板;3—地坑;4—排气管;5—焦炭

表 3.1　常用的手工造型方法的主要特点和适用范围

造型方法	主要特点	适用范围
两箱造型	用两个砂箱制造砂型。可采用多种模样(整体模、分块模、刮板模等)和多种造型方法(挖砂、假箱等),操作一般较简便	单件或批量生产各种尺寸的铸件,是最基本的造型方法
三箱造型	用 3 个以上砂箱制造砂型。须采用分块模,操作费工、生产效率低	单件、小批量生产需两个以上分型面的铸件或高大、复杂的铸件
脱箱造型	在可脱砂箱内造型,合型后脱去砂箱。操作简便灵活,生产效率高,适应性较强	单件或批量生产湿型铸造的中、小型铸件,在手工造型和机器造型中均可采用
刮板造型	不用模样或芯盒而用刮板造型,可节省制造模样的材料和工时,但操作技术要求高、生产效率低,铸件精度低	单件、小批量生产等截面或回转体类的大、中型铸件
地坑造型	在沙坑或地坑中制造下型,可省去下砂箱,也可不用上型,但技术要求高,生产效率低	单件生产的大、中型铸件

2)机器造型

机器造型是利用造型机和制芯机进行砂型(芯)的制作,其特点是生产效率高、劳动条件好、劳动强度低、铸件的尺寸精度高、表面质量好,是大批量生产砂型的主要方法。常用的机器造型方法有震压造型、微震压实造型、高压造型、抛砂造型、气冲造型、负压造型等,其主要特点和适用范围见表 3.2。

表 3.2　常用的机器造型方法的主要特点和适用范围

造型方法	主要特点	适用范围
震压造型	先以机械震击紧实型砂,再用较低的比压(0.15~0.4 MPa)压实	设备结构简单、造价低,效率较高,紧实度较均匀;但紧实度较低,噪声大。适用于成批大量生产的中、小型铸件
微震压实造型	在高频率、小振幅振动下,利用型砂的惯性紧实作用并同时或随后加压紧实型砂	砂型紧实度较高且均匀,频率较高,能适应各种形状的铸件,对地基要求较低;但机器微振部分磨损较快,噪声较大。适用于成批、大量生产各类铸件
高压造型	用较高的比压(0.7~1.5 MPa)紧实型砂	砂型紧实度高、铸件精度高、表面光洁、劳动条件好,易于实现自动化。设备成本较高,同时具有较高的维护要求。适用于大批量生产的中、小型铸件
抛砂造型	利用离心力抛出型砂,使型砂在惯性力的作用下完成填砂和紧实	砂型紧实度均匀,不要求专用模板和砂箱,噪声小,但生产率较低,对操作技术要求高。适用于单件、小批量生产的大、中型铸件
气冲造型	用燃气或压缩空气瞬间膨胀所产生的压力波紧实型砂	砂型紧实度高、铸件精度高、设备结构简单、易于维修,能耗低、散落砂少、噪声小。适用于大批量生产的中、小型铸件,特别适用于形状较复杂的铸件
负压造型	型砂不含黏结剂,被密封于砂箱与塑料膜之间,抽真空使干砂紧实	设备投资少、铸件精度高、表面光洁、落砂方便、旧砂处理容易、能耗和环境污染小,但生产效率低、难于对形状复杂的零件进行覆膜。适用于单件、小批量生产不太复杂的铸件

（2）特种铸造

特种铸造是指砂型铸造以外的铸造工艺,常见的有金属型铸造、压力铸造、离心铸造、低压铸造、熔模铸造、陶瓷型铸造、连续铸造、真空吸铸、磁型铸造、挤压铸造等。特种铸造在铸件品质、生产率等方面优于砂型铸造,但其使用有局限性,生产成本也高于砂型铸造。

1）金属型铸造

把液态金属浇入金属制成的铸型内以获得铸件的方法称为金属型铸造。金属型一般用铸铁或钢做成。根据分型面的特点不同,可分为不同的形式,目前使用最多的是垂直分形式,如图 3.3 所示。该金属型由两半组成,分型面上开设有浇口和通气槽,为便于取出型芯,活塞内腔采用组合型芯,销孔采用整体芯棒。

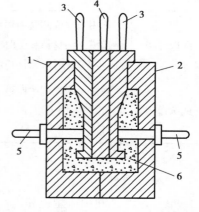

图 3.3　垂直分形式铝活塞金属型模
1,2—金属型;3,4—可拆式金属芯;
5—圆柱金属棒;6—铝活塞铸件

金属型在浇注前,型腔表面应刷一层涂料,以保护铸型,并提高铸件表面质量。铸型还应保持一定的工作温度。如果铸型温度太低,会使金属液冷却过快而产生浇不足、冷隔、裂纹等缺陷;如果铸型温度太高,又会使铸件晶粒粗大,影响其机械性能。通常采用预热和冷却(如水冷)来使铸型保持一定的工作温度。一般情况下,金属型合理的工作温度是:浇铸铁件250~350 ℃,浇有色金属件100~250 ℃。此外,还应掌握恰当的开型时间,以防止铸件收缩受阻而产生裂纹。通常,开型时间用铸件的出型温度来控制,铸铁件的出型温度为850~950 ℃,有色金属铸件的出型温度为470~500 ℃。

金属型可多次浇注,节约了大量型砂和造型工时,提高了劳动生产率。而且铸件尺寸准确,表面光洁,机械性能好。但金属型制造困难,成本高,浇铸铁件易生成白口。因此,金属型铸造多用于批量生产形状简单的有色金属铸件。

2)压力铸造

压力铸造是将液态金属在高压下快速注入铸型,并在压力下冷却凝固以获得铸件的方法。

用于压力铸造的机器称为压铸机。按压铸机压射部分的特征可分为热压式和冷压式;按其压射活塞的运动方向又可分为立式和卧式。应用较多的是卧式冷压室压铸机,其工作过程如图 3.4 所示。

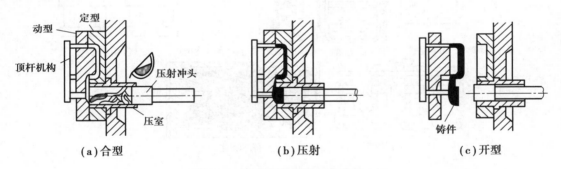

图 3.4　卧式压铸机的工作过程

压铸时,首先移动动型,使之与静型紧密闭合,把液态金属注入压室,然后压射活塞向前推进,对液态金属施以高压(比压为 5~150 MPa,使其快速 5~50 m/s)充满铸型型腔,并继续施加压力至液态金属凝固,最后打开动型,用顶杆顶出铸件,即完成一个铸件的压铸过程。压铸是在高压快速下进行的,因此提高了液态金属的充型能力,可生产形状复杂的薄壁铸件,而且生产率很高。另外,因其铸型为金属型,故压铸件尺寸精确,表面光洁,机械性能好。但压铸机价格昂贵,铸型结构复杂,铸件容易生成分散的细小气孔。因此,压力铸造主要用于大量生产形状复杂的薄壁有色金属小型铸件。

3)离心铸造

离心铸造是将液态金属浇入旋转的铸型中,在离心力作用下成形、凝固而获得铸件的方法。离心铸造在离心铸造机上进行。铸型采用金属型或砂型,它既可绕垂直轴旋转,又可绕水平轴旋转(图 3.5)。离心铸造时,液态金属在离心力作用下结晶凝固,因此可获得无缩孔、气孔、夹渣的铸件,而且组织细密,机械性能好。当铸造圆形中空零件时,可以省去型芯。此外,离心铸造不需浇注系统,减少了金属的消耗。但离心铸造铸出的筒形铸件内孔尺寸不准确,有较多气孔、夹杂,因此,需增加内孔加工余量,而且不适宜浇注容易产生比重偏析的合金。目前,离心铸造主要用于生产空心旋转体零件,如铸铁管、汽缸套、铜套、双金属滑动轴承等。

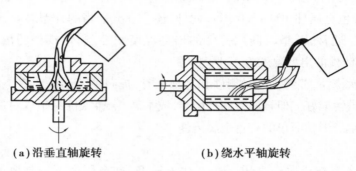

(a)沿垂直轴旋转　　　　**(b)绕水平轴旋转**

图 3.5　离心铸造

4)熔模铸造

熔模铸造又称失蜡铸造,其工艺过程如图 3.6 所示。

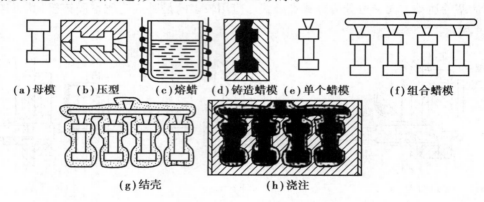

(a)母模　**(b)压型**　**(c)熔蜡**　**(d)铸造蜡模**　**(e)单个蜡模**　　**(f)组合蜡模**

(g)结壳　　　　　　　　**(h)浇注**

图 3.6　熔模铸造工艺过程

首先制造母模,根据母模制造压型或直接加工出压型,把熔融的蜡料(50%石蜡和50%硬脂酸)挤入压型中,待其冷却凝固后取出,就得到了蜡模。将蜡模修整后焊在蜡制浇注系统上,即得到蜡模组。然后,把蜡模组浸入用水玻璃和石英粉配制的涂料中,让其均匀地浸挂一层涂料后取出,并向其表面喷撒一层石英砂,接着将喷过砂的蜡模组放入氯化铵溶液中,使水玻璃硬化结壳,这样重复涂挂数次,直到结成 5~10 mm 硬壳为止。随后将已结壳的蜡模组放入 85%~95%的热水中,蜡模熔化而流出型壳,形成了没有分型面的铸型型腔。为了排除型壳中的残余挥发物,提高型壳强度,还需将其放在 850~950 ℃的炉内焙烧。焙烧好后的型壳置于铁箱中,周围填以干砂,以防止型壳破裂,然后进行浇注。熔模铸造属精密铸造。铸件的尺寸精度高,表面粗糙度低。熔模铸造适应性强,可生产形状非常复杂的铸件,也可生产高熔点合金的铸件。但熔模铸造工艺过程复杂,生产周期长,成本高,且不能生产大型铸件。因此,熔模铸造主要用于制造熔点高、形状复杂以及难加工的小型碳钢和合金钢铸件。

3.2 金属塑性成形加工

3.2.1 金属塑性成形的主要方法及应用

金属塑性成形加工是利用材料的塑性使材料在外力作用下改变形状和改善性能,获得型材、毛坯或零件的一种成形的加工方法。凡是具有塑性的材料都可采用塑性成形的方法对其进行成形加工。在金属塑性成形过程中,作用在金属坯料上的外力主要有两种:冲击力和压力。锤类设备通过冲击力使金属变形,轧机与压力机通过压力使金属变形。由于钢和大多数非铁金属及其合金都具有一定的塑性变形特性,因此可以在加热和冷却状态下对他们进行成形加工。

(1) 轧制

金属坯料在两个回转轧辊之间受压变形(图 3.7)而形成各种产品的成形工艺,称为轧制。轧制生产所用的坯料主要是金属铸锭。在轧制过程中,坯料借助它与轧辊的摩擦力得以连续从两轧辊之间通过,同时受压而变形,坯料截面减小,长度增加。

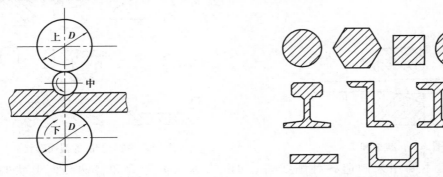

图 3.7 轧制加工　　　　　　　　　　　图 3.8 轧制成品的截面形状

通过设计不同形状的轧辊(其组成的间隙形状与产品截面轮廓相似),就能轧制出不同截面形状的产品(图 3.8),如钢板、型材和无缝管材等,也可直接轧制出毛坯或零件。

(2) 挤压加工

金属坯料在挤压模内受压被挤出模孔而变形的成形工艺称为挤压,如图 3.9 所示。在挤压过程中,坯料的截面减小,长度增加。挤压可以获得各种复杂截面的型材或零件,如图 3.10 所示。挤压加工适用于低碳钢、非铁金属及其合金的加工,如采取适当的工艺措施,还可对合金钢和难熔合金进行加工。

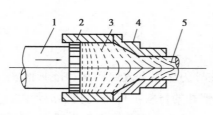

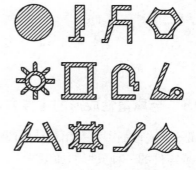

图 3.9　挤压加工　　　　　　　图 3.10　挤压成品的截面形状

1—柱塞；2—挤压缸；3—坯料；4—挤压型嘴；5—成品

（3）拉拔

将金属坯料拉过拉拔模的模孔而变形的成形工艺称为拉拔（图 3.11）。产品的加工过程取决于拉拔模模孔的截面形状和使用性能。拉拔模模孔在工作中受到强烈摩擦，为保持其几何形状的准确性，延长拉拔模的使用寿命，模具材料应选用耐磨的特殊合金钢或硬质合金。

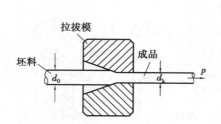

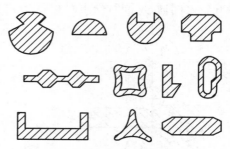

图 3.11　拉拔加工　　　　　　　图 3.12　拉拔产品的截面形状

拉拔加工主要用来制造各种细线材（如电线等）、薄壁管和特殊几何形状的型材（图 3.12）。在多数情况下，拉拔是在冷态下进行的，所得的产品具有较高的尺寸精度和较低的表面粗糙度。拉拔常用于对轧制件的再加工，以提高产品品质。低碳钢和大多数非铁合金都可经拉拔成形。

（4）自由锻

金属坯料在上、下砧铁间受冲击力或压力而变形的成形工艺称为自由锻，如图 3.13（a）所示。

（5）模锻

金属坯料在具有一定形状的锻模模腔内受冲击力或压力而变形的成形工艺称为模锻，如图 3.13（b）所示。

（6）板料冲压

金属板料在冲模之间受压产生分离或变形的成形工艺称为冲压，如图 3.13（c）所示。

以上 3 种方式统称为锻压加工。图 3.13 为锻压加工示意图。

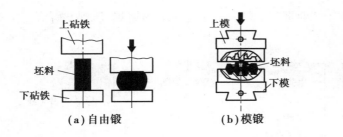

图 3.13　锻压加工

　　金属经过塑性变形后,不仅可以获得预定的坯件形状,而且可以使粗大的晶粒破碎和细化,从而提高金属的力学性能。常用的金属型材、板材和线材等,大多用轧制、挤压、拉拔等方法制成。机械制造工业中常用压力加工法来制造毛坯和零件。凡承受重载荷的机器零件,如机器的主轴、重要齿轮、连杆、炮管和枪管等,通常采用锻件作毛坯,再经切削加工制成。板料冲压广泛用于汽车、电器、仪表及日用品制造工业等方面。与铸造成形件相比,塑性成形件的力学性能较好,但塑性成形加工不宜用来制造形状复杂的零件(除少数情况外)。同时,塑性成形设备的费用也较高。

3.2.2　材料塑性成形方法的主要优点

　　①塑性成形主要靠材料在塑性状态下的体积转移,而不需靠部分地切除材料的体积,因而制件的材料利用率高,流线分布合理,从而提高制件的强度。

　　②塑性成形方法得到的工件可以达到较高的精度。近年来,应用先进的技术和设备,不少零件已达到近无余量的加工精度。例如,精密锻造的伞齿轮,其齿形部分精度可不经切削加工直接使用,精锻叶片的复杂曲面可达到只需磨削的精度。

　　③塑性成形工艺具有较高的生产率。这一点对于金属材料的轧制、拉丝、挤压等工艺尤其明显。随着塑性成形工艺生产机械化、自动化的发展,相关零件生产效率也非常高。例如,在机械压力机上锻造汽车用的六拐曲轴仅需 40 s;在曲轴压力机上压制一个汽车覆盖件仅需几秒;在吸塑机上生产一个汽车塑料燃油箱也仅需很短的时间。

　　④金属材料经过相应的塑性加工后,其组织、性能都能得到改善和提高,特别是相对于铸造组织,效果更为明显。因此,利用塑性成形方法,不但能获得强度高、性能好、形状复杂和精度高的工件,而且有生产率高、材料消耗少等优点,因而在国民经济中得到广泛的应用。特别是在汽车、拖拉机、宇航、军工、电子、家用电器和日用品等工业部门中,塑性成形更是主要的加工方法。

3.3　焊接成形技术

　　焊接是指通过加热或加压,或两者并用,使分离的焊件达到原子结合效果的加工方法。它是现代工业生产中用来制造各种金属结构和机械零件的主要工艺方法之一。焊接结构质量小、省材料。焊接方法具有省工时、密封性好、适应性广等特点,广泛应用于汽车、船舶、飞机、锅炉、压力容器、建筑、电子等工业部门。焊接方法通常分为熔焊、压焊和钎焊三大类。常见的焊接方法如图3.14所示。

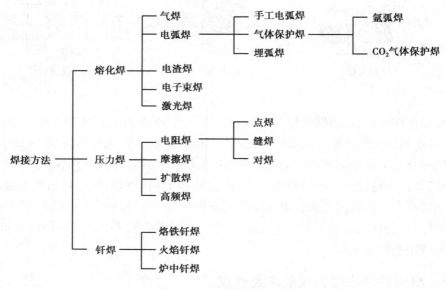

图 3.14　常见的焊接方法

3.3.1　熔焊

熔焊是在焊接过程中将焊件接头加热至熔化状态,不加压力完成焊接的方法。这种焊工艺的常用方法有气焊、电弧焊、电渣焊、堆焊、高能焊(电子束焊和激光焊)等。其中电弧焊是目前应用最广泛的焊接方法。图3.15为涂料焊条的电弧焊示意图。

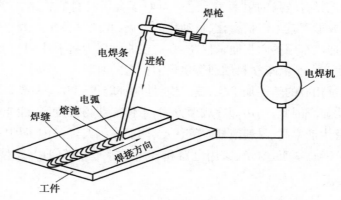

图 3.15　涂料焊条的电弧焊过程

3.3.2　压焊

压焊是在焊接过程中对焊件施加一定压力(加热或不加热),以完成焊接的方法。压焊的类型很多,其中最常用的有摩擦焊和电阻焊等。摩擦焊是利用焊件表面相互摩擦所产生的热,使端面达到热塑性状态,然后迅速顶锻,完成焊接的一种压焊方法。其焊接原理如图3.16

所示。摩擦焊一般分为连续驱动式和储能式(即惯性式)两种。摩擦焊接头一般为等断面,也可以是不等断面,如杆—管、管—管、管—板接头等,但要求其中有一件是回转体。

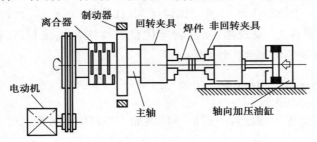

图 3.16　摩擦焊原理图

电阻焊可分为点焊、缝焊、凸焊和对焊等。

3.3.3　钎焊

钎焊是采用比母材熔点低的金属材料作钎料,将焊件和钎料加热到高于钎料的熔点,但低于母材熔化温度,利用液态钎料润湿母材、填充间隙,并与母材相互扩散实现连接焊件的方法。钎焊根据所用钎料的熔点不同,可分为软钎焊和硬钎焊两大类。

软钎焊的钎料熔点低于 450 ℃,常用锡-铅钎料及锌基钎料。锡-铅钎料主要用于钎焊铜及其合金和钢件;锌基钎料常用于钎焊铝及其合金,也可钎焊铜、钢等。常用钎剂为松香或氯化锌熔液。

硬钎焊的钎料熔点高于 450 ℃,常用铝基、银基和铜基钎料。硬钎焊时采用气焊火焰热源加热,具有设备简单、灵活、适应性好等特点,很多修理中的钎焊常用此法,而大量生产时可在气体保护炉中进行。炉焊能很好地控制钎焊温度,对工人的技术要求低。

钎焊的主要优点是加热温度低,母材组织性能变化小,焊件应力和变形小,接头光滑平整;还可一次焊多件、多接头,因而生产率高;可焊黑色、有色金属,也可焊异种金属、金属和非金属。总之,钎焊较适宜连接精密、微型、复杂、多焊缝及异种材料的焊件。

钎焊的主要缺点是接头强度低,尤其是动载强度低,耐热性差,且焊前清理及组装要求较高。

目前,硬钎焊广泛应用于制造硬质合金刀具、钻探钻头、换热器、自行车架、导管、容器、滤网等;软钎焊主要用于仪表、电真空器件、电机、电器部件及导线等的焊接。

3.4　塑料成形工艺

3.4.1　塑料的特点及应用

塑料是以合成树脂或天然树脂为原料,在一定温度和压力条件下可塑制成形的高分子材料,一般含有添加剂,如填充剂、稳定剂、增塑剂、色料和催化剂等。塑料可分为热塑性塑料和热固性塑料两大类。热塑性塑料受热时呈熔融状态,可反复成形加工;热固性塑料成形后为不熔不溶的材料。塑料只有通过成形、加工制成所需形状的塑料制品才有使用价值。

塑料以其密度小(为钢的 1/8~1/4)、比强度大、比刚度(或称比弹性模量)大、耐腐蚀、耐磨、绝缘、减摩、自润滑性好、易成形、易复合等优良的性能在机械制造、轻工、包装、电子、建筑、汽车、航天及航空等领域得到广泛应用。

3.4.2 塑件的成形工艺流程

完整的塑件生产流程为预处理→成形→机械加工→修饰→装配,如图 3.17 所示。

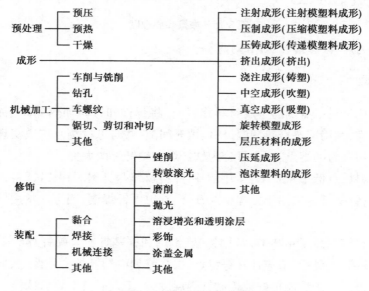

图 3.17 塑件的加工流程

3.4.3 塑料成形加工方法

塑料的种类很多,相应的成形方法也很多,有各种模塑成形、层压及压延成形等,其中,以塑料模塑成形种类较多,如挤出、压缩模塑、传递模塑、注射模塑等。它们的共同特点是利用了塑料成形模具(简称塑料模)来成形具有一定形状和尺寸的塑件。

(1)注射成形

注射成形又称注塑模塑或注射法,是热塑性塑料的重要成形方法之一。几乎所有热塑性塑料都可以用注射法成形。近年来,注射成形已成功地用于某些热固性塑料的成形。注射成形具有成形周期短、生产率高,能一次成形空间几何形状复杂、尺寸精度高、带有各种嵌件的塑料制品,对多种成形塑料的适应性强,生产过程易于实现自动化等优点。

如图 3.18 所示,注射成形过程是将粒状或粉状塑料从注射机的料斗送进加热的料筒,经加热熔化至黏流态后,由柱塞或螺杆的推动而通过料筒端部的喷嘴并注入温度较低的闭合塑模中,充满塑模的熔料在受压的情况下,经冷却固化后即可保持塑模型腔所赋予的形状,最后松开模具顶出制品。

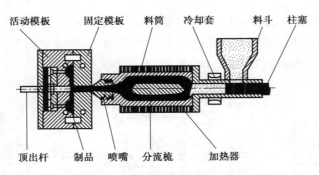

图 3.18　注射成形加工示意图

注射机是注射成形的设备,必须具备两个功能:其一是加热塑料,使塑料达到黏流状态;其二是对塑料熔体施加压力,使其射出并充满模具型腔。柱塞式注射机结构简单,但存在控制温度和压力较困难、熔化不均匀、注射压力损失大、注射容量有限等不足,已逐步被螺杆式注射机取代,现只用于 60 g 以下的小型塑料制品的生产。螺杆式注射机具有加热均匀、塑料可在料筒内得到良好的混合和塑化、注射量大等优点。

塑料在成形过程中依靠模具而得到制品的形状,更换不同的模具,就可在注射成形机上生产出不同的塑件。图 3.19 是一典型的注塑模具,主要包括型腔、浇注系统、合模导向装置、分型抽芯机构、脱模机构、排气机构、加热及冷却装置等。浇注系统包括主流道、冷料道、分流道和浇口等,它是塑料从喷嘴进入型腔前的流通部分,直接与塑料接触。成形零件包括动模、定模、型腔、成形杆以及排气口等,它也直接与塑料接触。结构零件包括导向、脱模、抽芯及分型等,结构零件不与塑料直接接触。

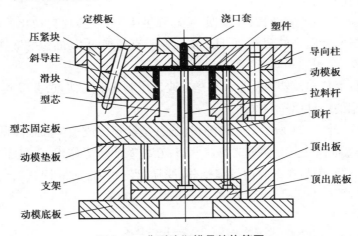

图 3.19　典型注塑模具结构简图

（2）压制成形

压制成形也称为压缩成形、模压成形或压缩模塑,是塑料加工中最传统的工艺方法。压制成形的设备为液压机,并配有专用的压制成形模具。

热固性塑料一般由固化剂、固化促进剂、填充剂、润滑剂、着色剂等按一定配比混合制成。其压制成形过程如图 3.20 所示。首先将配制好的粉状、粒状、碎屑状或纤维状的塑料原料加入成形温度下的压塑模具型腔和加料室中［图 3.20（a）］;然后将模具闭合加压,在高温和压力的作用下,原料熔融流动,充满整个型腔。这时发生交联反应,分子结构由原来的线型分子结构转变为网状分子结构,塑料也由黏流态转化为玻璃态,即硬化定型成塑料制品［图 3.20(b)］;最后打开模具,取出塑件［图 3.20(c)］。

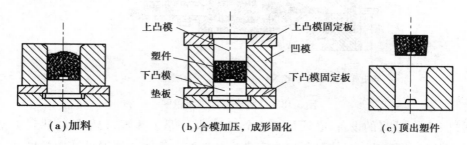

图 3.20　热固性塑件压制加工

热塑性塑料也可用于压制成形。它成形时同样要经历由固态变为黏流态而充满型腔的阶段(此时模具被加热),但不产生交联反应,因此,在热塑性塑料熔体充满型腔后,需将模具冷却使其凝固,才能脱模而获得塑件。在热塑性塑料压缩成形时,模具需要交替加热和冷却,生产周期长,效率低。为解决这一问题,热塑性塑料常使用热挤冷压法,即将由挤出成形机挤出的熔融塑料放入压制成形模具型腔中定形,制得塑件。由此不难看出,热塑性塑料的成形采用注射成形比压制成形更经济。一般,只有平面较大的热塑性塑件才采用压制成形。

压制成形的主要优点:设备和模具结构简单,投资少,可以生产大型制品,尤其是有较大平面的平板类制品,也可以利用多型腔模大量生产出中、小型制品,塑件制品的强度高、收缩变形小、各向性能比较均匀。

压制成形的缺点:生产周期长,效率低,劳动强度大,难以实现自动化。难于压制形状复杂、壁厚相差大、尺寸精度高的塑件,而且不能压制带有精细的、易断裂的嵌件的塑件。

(3)压铸成形

压铸成形又称为传递模塑或挤塑。它是在改进压制成形的缺点,并吸收注射成形的优点的基础上发展起来的一种模塑方法。

压铸成形过程如图 3.21 所示。先将塑料(最好是经预压成锭料和预热的塑料)加入模具的加料腔［图 3.21(a)］,使其受热成为黏流状态,在柱塞的压力作用下,黏流态的塑料经浇注系统充满闭合的型腔,塑料在型腔内继续受热、受压,经过一定时间固化后［图 3.21(b)］,打开模具取出塑件［图 3.21(c)］。

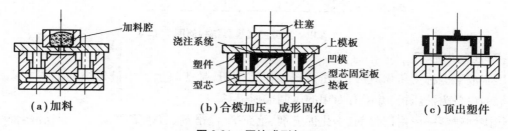

图 3.21　压铸成形加工

热固性塑料压铸成形与压制成形的区别:前者在加热前模具已完全闭合,塑料的受热、熔融是在加料腔内进行的;压铸成形开始时,压力机只施压于加料腔内的塑料,使之通过浇注系统而快速射入型腔;当塑料充满型腔后,型腔内与加料腔中的压力趋于平衡。压铸成形使用的模具称为压铸模、传递模或挤塑模。

压铸成形的优点:可以成形带有探孔的及其他复杂形状的塑件,也可以成形带有精细的、易碎的嵌件;塑件的飞边较小、尺寸准确、性能均匀、品质较高;模具的磨损较小。

压铸成形的缺点:与压制成形相比,模具的制造成本较高,成形压力大,操作较复杂,料耗多,塑件的收缩率大,而且塑件收缩的方向性也较明显。

(4)层压成形

层压成形是指用成叠的、浸有或涂有树脂的片状底材,在加热和加压下制成坚实而又近于均匀的板状、管状、棒状等简单形状塑料制品的成形过程。该方法还可应用于诸如纸张、木材等材料的成形加工。

进模层压成形的工艺过程为叠合→进模→热压→冷却→脱模→加工→热处理。

叠合是将准备好的半制品(浸胶布、浸胶纸)按顺序组合成一个叠合本的过程;进模是将搭配好的叠合本推入多层压机的热板间,等待升温加压;热压分两个阶段:预热阶段和热压阶段;达到保温时间后立即关闭电源,并维持原有的压力,通冷水或冷风冷却。当温度冷至 60～70 ℃时,可降压脱模,必要时进行适当的机加工。机加工后的制品可在 120～130 ℃温度范围保温 80～90 h,使树脂完全固化,提高制品的性能。

(5)挤出成形

挤出成形又称为挤塑成形,在热塑性塑料的成形领域中,挤出成形是一种变化众多、用途广泛的重要的成形方法之一。它主要用于生产连续的塑料型材,如管、棒、丝扳、薄膜、电线电缆的涂覆和涂层制品等。图 3.22 为塑料管材挤出成形示意图。

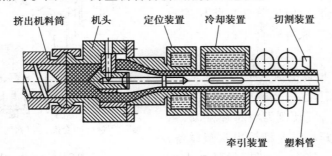

图 3.22　挤出成形加工

挤出成形过程总体可分为以下 3 个阶段:

第一阶段:固态塑料的塑化阶段。挤出机的加热器产生热量,使固态塑料塑化转变成黏流态。

第二阶段:成形阶段。在螺杆的推动下,使具有黏流态的塑料以一定的压力和速度被挤出机头,转变为有一定截面、形状的玻璃态的连续体。

第三阶段:定型阶段。用冷却方法使已成形的形状固定下来,成为所需的塑件。

根据塑化的方式不同,挤出工艺可分为干法和湿法两种。干法的塑化是靠加热将塑料变为熔体,其塑化和加压可在同一设备内进行,其定型处理只需通过冷却解决;湿法的塑化则是用溶剂将塑料充分软化,塑化和加压是两个独立的过程,其定型处理必须采用比较麻烦的溶剂脱除法。在实际挤出成形工艺中使用较多的还是干法挤出,而湿法挤出仅限于少数塑料(如硝酸纤维素和少数醋酸纤维素填料)的挤出。

挤出成形的设备有螺杆式挤出机和柱塞式挤出机两种。螺杆式挤出机的挤出过程是连续的,如图 3.22 所示。

柱塞式挤出机的优点:能给予塑料熔体较大的压力。

柱塞式挤出机的缺点:操作不连续,物料要预先塑化,因而应用较少,只有在挤压聚四氟乙烯和硬聚氯乙烯大型管材方面有应用。

综上所述,挤出成形适用于热塑性塑料,而且采用干法塑化和螺杆式挤出机。其成形特点:成形过程是连续的,生产率高,制品内部组织均衡致密,尺寸稳定性高,模具结构简单,制造维修方便,成本低。此外,挤出成形工艺还可以用于塑料的着色、造粒和共混改性等。

(6)中空成形

中空成形又称为吹塑,它源于古老的玻璃瓶吹制工艺,借助压缩空气使处于高弹态或黏流态的中空塑料型坯发生吹胀变形,然后经冷却定型获得塑料制品的方法。中空成形常用来成形轿车油箱、轿车暖风通道、化学品包装容器、便携式工具箱等。根据塑料管状形坯制取的方法不同,中空成形可分为挤出吹塑成形和注射吹塑成形两大类,常用的是挤出吹塑成形。

挤出中空吹塑成形过程如图 3.23 所示,设备包括输出机管状型坯挤出机头、合模机构、液压系统、压缩空气系统、电气控制系统等部分。成形时,挤出机挤出一段熔融状态的塑料管坯,挤出装置插入管坯中间,合模装置在液压系统的驱动下将模具闭合,这时吹气装置将压缩空气导入,塑料管坯被吹胀并贴合于模具的内表面,达到模腔的形状,继续保持压力并冷却,经过脱模后,即可得到所需的成形中空塑件。

对小型挤出吹塑设备,塑料管坯是连续挤出的,在模具闭合后,气动割刀将型坯割断,由移模装置将模具移开。对大型挤出吹塑设备,挤出机先将塑料熔体挤入一个储料缸,再由液

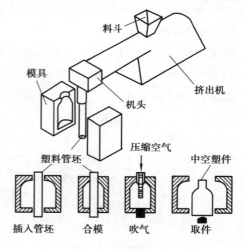

图 3.23 挤出成形加工

压油缸快速挤出塑料管状型坯,这样就可缓解因塑料熔体自重下垂造成的型坯上薄下厚现象。

中空成形的优点是设备和模具结构简单、尺寸精度高,事后加工量小,适合多种热塑性塑料。

(7)压延成形

压延成形是将已加热塑化的接近黏流温度的热塑性塑料通过一系列相向旋转的水平辊筒间隙,并在挤压和延展作用下成为规定尺寸的连续片状制品的成形方法。

压延成形的工艺过程为配制塑料→塑化塑料→向压延机供料→压延→牵引→轧花→冷却→卷取→切割。

　　压延成形的主要设备是压延机、挤出机和辊压机。挤出机的作用是将塑化好的料先用挤出机挤成条状或带状,并趁热用适当的输送装置均匀连续地供给压延机;辊压机的作用也是向压延机供料,供料过程与挤出机没有多大差别,只是将挤出改为辊压,所供料的形状只限于带状;压延机主要用于原材料的塑炼和压片。

　　压延成形具有加工能力大,生产速度快、产品质量好,生产连续、可以实现自动化等优点,其主要缺点是设备庞大,前期投资高,维修复杂,制品宽度受压延机辊筒长度的限制。

3.5　快速成形技术

3.5.1　快速成形的出现和发展

　　随着社会需要和科学技术的发展,产品的竞争越来越激烈,更新的周期越来越短,因而要求设计者不但能根据市场的要求很快地设计出新产品,而且能在尽可能短的时间内制造出产品的样品,进行必要的性能测试,征求用户的意见,并进行修改,最后形成能投放市场的定型产品。用传统方法制作样品时,常采用多种机械加工机床,以及工具和模具,还要有高水平的技术工人,既费时,成本又高,周期往往长达几星期甚至几个月,不能适应日新月异的变化。为解决上述问题,近几十年来出现了快速成形技术和相应的快速成形机。

　　快速成形是 20 世纪 80 年代末期开始商品化的一种高新制造技术,它有多种英文名称,常用 Rapid Prototyping(快速原型制造、快速成形),简称为 RP。快速成形技术(RPT)是将计算机辅助设计(CAD)、计算机辅助制造(CAM)、计算机数字控制(CNC)、激光、精密伺服驱动和新材料等先进技术集于一体,将抽象的 CAD 数据变成直观的形体,且不需要工程图样。当产品设计确定后,CAD 数据便可用来生成真实零件模型,进行模具制造或进行工程试验,或驱动数控机床加工,使产品在设计初期就能同时考虑后期的制造加工及品质控制问题,因而大大缩短了产品的生产周期。

　　快速成形技术经过十多年的发展,目前已有几十种工艺及相应的商品化设备。在这一领域,美国一直处于领先地位,各种新工艺大都在美国最先出现,研究、开发的工艺种类也最多。其次在欧洲、日本发展也很快。国内在该领域的研究起步较晚,20 世纪 90 年代初开始涉足,经过几十年的努力,在快速成形工艺研究、成形设备开发、数据处理及控制软件、新材料的研发等方面都做了大量卓有成效的工作,赶上了世界发展的步伐,并有新的创新。

3.5.2　快速成形的原理

　　与去除材料的磨削(或精制)、车、铣、钻、研磨、腐蚀等工艺相比不同,快速成形是依据计算机上构成工件的三维设计模型,对其进行分层切片,得到各层截面的二维轮廓。按照这些轮廓,成形头选择性地采用固化一层层的液态树脂(或切割一层层的纸,烧结一层层的粉末材料,喷涂一层层的热熔材料或黏结剂等方法),形成各个截面轮廓,并逐步顺序叠加成三维工件,如图 3.24 所示。

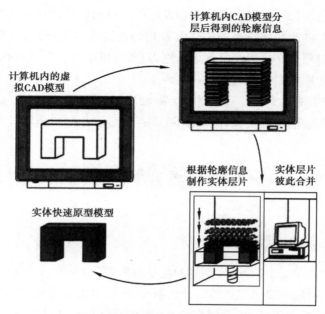

图 3.24　快速成形原理示意图

3.5.3　快速成形的过程

如图 3.25 所示,快速成形包含以下过程:

（1）CAD **模型设计**

CAD 模型设计主要是解决零件的几何造型,因此需有较强的实体造型或曲面造型功能,并与后续的软件具有良好的数据接口。目前,大多数 CAD 商业软件均配有 STL 数据转换接口,如 Pro/Engineer、UG、I-DEAS、CADKEY、CATIA、SolidWorks、AutoCAD 等。

（2）z **向离散化**

这是一个分层过程,它将 CAD 模型在 z 向上分成一系列具有一定厚度的薄层,厚度通常为 0.05~0.3 mm。离散化破坏了零件在 z 向的连续性,使之在 z 向上产生了"台阶"。但从理论上讲,只要将分层厚度定得合理,就可以满足零件的加工精度要求。

（3）**层面信息处理**

为控制成形机对层面的加工轨迹,必须把层面的几何形状信息转换成控制成形机运动的数控代码。

（4）**层面加工与粘接**

成形机根据控制指令进行二维扫描。同时进行层与层的粘接。

（5）**层层堆积**

当一层制造完毕后,成形机工作台面下降一个层厚的距离,再加工新的一层,如此反复进行直至整个原型加工完成。对完成的原型进行后处理,如深度固化、去除支撑、修磨、着色等,使之达到要求。

图 3.25　快速成形的过程

3.5.4　快速成形技术的特征

①高度柔性,成形过程无须专用工具或夹具,就可制造任意复杂形状的三维实体。

②CAD 模型直接驱动,CAD/CAM 一体化,无须人员干预或较少干预,是一种自动化的成形过程。

③成形过程中信息过程和材料过程的一体化,适合成形材料为非均质并具有功能梯度或有孔隙度要求的原型。

④成形的快速性,适合现代激烈竞争的产品市场。

⑤技术的高度集成性,快速成形是计算机、数控、激光、新材料等技术的高度集成。

3.5.5　典型的快速成形工艺

(1)立体光刻工艺

1988 年,美国 3D SystenG 公司推出了商品化样机 SLA-1,这是世界上第一台快速原型成形机。SLA 系列成形机占据着 RP 设备市场较大的份额。

如图 3.26 所示,立体光刻(Stereo Lithography,SL)工艺是基于液态光敏树脂的光聚合原理工作的。SL 工艺的成形材料称为光固化树脂(或称光敏树脂),这种液态材料在一定波长($\lambda = 325$ nm)和功率($P = 30$ mW)的紫外光的照射下能迅速发生光聚合反应,分子量急剧增大,材料也就从液态转变成固态。工作时,首先在液槽中盛满液态光敏树脂,激光束在偏转镜的作用下,能在液体表面上扫描,扫描的轨迹及激光的有无均由计算机控制,光点扫描到的地方,液体就固化。成形开始时,工作平台在液面下一个确定的深度,液面始终处于激光的焦平面,聚焦后的光斑在液面上按计算机的指令逐点扫描,即逐点固化。当一层扫描完成后,未被照射的地方仍是液态树脂。然后升降台带动平台下降一层高度,已成形的层面上又布满一层树脂,刮平器将黏度较大的树脂液面刮平,然后再进行下一层扫描,新固化的一层牢固地粘在前一层上,如此重复,最终得到一个三维实体原型。

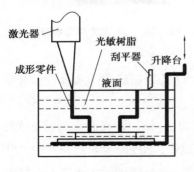

图 3.26　SL 工艺原理示意图

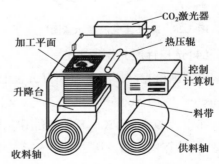

图 3.27　LOM 工艺原理示意图

（2）分层实体制造工艺

分层实体制造（Laminated Object Manufacturing，LOM）工艺又称叠层实体制造或分层实体制造，由美国 Helisys 公司的 Michael Feygin 于 1986 年研制成功，并推出商品化的机器。

如图 3.27 所示，LOM 工艺采用薄片材料，如纸、塑料薄膜等。片材表面事先涂覆一层热熔胶。加工时，用 CO_2 激光器（或激光刀）在刚粘接的新层上切割出零件截面轮廓和工件外框，并在截面轮廓与外框之间多余的区域内切割出上下对开的网格：激光切割完成后，工作台带动已成形的工件下降，与带状片材（料带）分离；供料机构转动收料轴和供料轴，带动料带移动，使新层移到加工区域；工作台上升到加工平面；热压辊热压，工件的层数增加一层，高度增加一个料厚；再在新层上切割截面轮廓。如此反复直至零件的所有截面切割、粘接完，得到三维的实体零件。

（3）熔融沉积制造工艺

熔融沉积制造（Fused Deposition Modeling，FDM）工艺由美国学者 Dr.Stott Crump 于 1988 年研制成功。并由美国 Stratasys 公司推出商品化的机器。

如图 3.28 所示，FDM 工艺是利用热塑性材料的热熔性、黏结性，在计算机控制下层层堆积成形。加工时，先将材料抽成丝状，通过送丝机构送进喷头，在喷头内被加热熔化，喷头沿零件截面轮廓和填充轨迹运动，同时将熔化的材料挤出，材料迅速固化，并与周围的材料黏结，层层堆积成形。该工艺不用激光，因此使用、维护简单，成本较低。用石蜡成形的零件原型可以直接用于石蜡铸造。用 ABS 工程塑料制造的原型因具有较高强度而在产品设计、测试与评估等方面得到广泛应用。由于以 FDM 工艺为代表的熔融材料堆积成形工艺具有一些显著优点，所以得到了极为迅速的工艺发展。

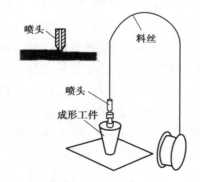

图 3.28　FDM 工艺原理示意图

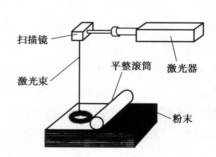

图 3.29　SLS 工艺原理示意图

（4）选择性激光烧结工艺

由美国得克萨斯大学奥斯汀分校的 C.R.Dechard 于 1989 年研制成功的选择性激光烧结（Selective Laser Sintering，SLS）工艺（又称为选区激光烧结），已被美国 DTM 公司商品化。

如图 3.29 所示，SLS 工艺是利用粉末材料（金属粉末或非金属粉末）在激光照射下烧结的原理，在计算机控制下层层堆积成形。将材料粉末铺洒在已成形零件的上表面，并刮平；用高强度的 CO_2 激光器在刚铺的新层上扫描出零件截面：材料粉末在高强度的激光照射下被烧结在一起,得到零件的截面,并与下面已成形的部分粘接;当一层截面烧结完后,再铺上新的一层材料粉末,再选择烧结新一层截面。如此循环反复,直至得到最终的三维实体零件。

3.6　典型零件的材料成形及控制技术实验

3.6.1　铝合金压铸件的压铸成形原理及模具结构分析

(1) 实验学时

2 学时。

(2) 实验类型

综合性实验。

(3) 实验要求

必修。

(4) 实验目的

①熟悉压铸的原理、特点及应用范围,使学生了解压铸工艺、压铸模具、压铸机三者之间的有机联系。

②了解卧式压铸机的结构、压铸工艺参数的选取原则,熟悉压铸铝合金件的全过程。

③熟悉压铸模的组成、各零件的功能及安装。

通过本实验的学习,为课堂教学打下基础,并巩固所学的理论知识。

(5) 实验内容

①现场介绍压铸的概念、特点及应用范围,介绍卧式压铸机的结构、原理、适用范围及安全注意事项。

②进行铝合金件的压铸演示,指导学生操作及介绍工艺参数的选取(1 学时)。

③对照模具实物讲解几种(冷室及热室)模具的结构及安装,让学生了解压铸机、压铸工艺、压铸模之间的有机联系(1 学时,学生参与拆装、分析)。

(6) 实验原理、方法和手段

压铸机是压铸生产的最基本设备,一般分为热室压铸机及冷室压铸机。热室压铸机一般用于压铸锌合金等低熔点合金小型薄壁件,而冷室压铸机多用于较大的铝、镁合金件。压铸机主要由开合型机构、压射机构、动力系统和控制系统等组成;压铸模是实现金属压铸成形的专用工具和主要工艺装备,由其中各零件所起的作用不同而分为成形零件、浇注系统、导向零件、推出机构、抽芯机构、排溢系统、冷却系统、模体及紧固定位用的螺钉、圆柱销等。图 3.30 为典型卧式冷室压铸机及所用模具的结构示意图。

冷室压铸机的压室与保温炉是分开的。压铸时,从保温炉中取出金属液浇入压室后进行压铸。其压铸工艺参数主要有压力(压射力、压射比压)、速度(压射速度、充填速度)、温度

（浇注温度、模具温度）、时间（充填时间、保压时间、留模时间）等。卧式冷室压铸机的基本参数有合型力、拉杆之间的内尺寸、动型座板行程、顶出力、压铸型最大及最小厚度、压射位置、压射力、压室直径、最大金属浇注量等。

一般压铸机均可手动及自动运行。压铸的一般过程：启动电源、油泵、水阀（泵），进行设备检查及预调试，熔炼合金→开模→喷涂料（及预热）→合模→定量勺浇注→冲头压射→保压冷却→冲头回程→开模→顶出铸件→清理型腔→（喷涂料）→合模及顶杆顶回。

通过老师讲解、演示及学生参与动手实验的过程，观察和理解压铸机结构、铝合金压铸件的生产过程、冷室及热室压铸模的结构特点。

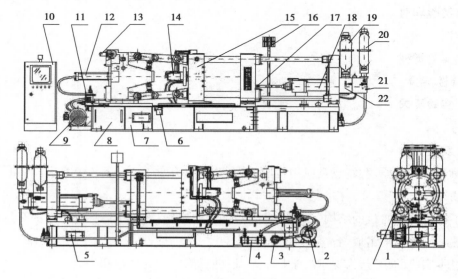

图3.30　卧式冷室压铸机的组成

1—调型（模）大齿轮；2—液压泵；3—过滤器；4—冷却器；5—压射回油油箱；6—曲轴润滑油泵；7—主油箱；
8—机架；9—电动机；10—配电箱；11—合型（模）油路板组件；12—合开型（模）液压缸；
13—调型（模）液压马达；14—顶出液压缸；15—锁型（模）柱架；16—型（模）冷却水观察窗；
17—压射冲头；18—压射液压缸；19—快速压射蓄能器；20—增压蓄能器；21—增压油路板组件；
22—压射油路板组件

（7）实验组织运行要求

根据本实验的特点、要求和具体条件，一般每组不超过15人；学生先应预习有关压力铸造工艺、设备、压铸合金、模具结构等方面的知识；采用以教师现场讲解及演示为主，学生辅助验证操作为辅的教学形式，并应作好记录。

特别地，严格设备及模具操作规程，应强调人身及设备运行安全，防止触电、碰伤、烫伤及合模时夹伤；注意拆装零件的归类。

（8）实验条件

卧式冷压室压铸机一台，坩埚炉一台，冷室、热室压铸模各两套，铝合金原料适量。

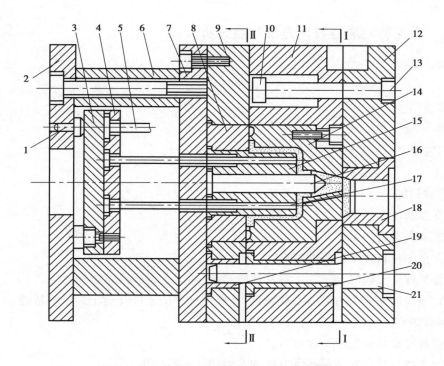

图 3.31　卧式冷室压铸机用压铸模的结构组成

1—限位钉；2—动模座板；3—推板；4—推杆固定板；5—复位杆；6—垫块；7—支承板；8—动模镶块；
9—动模板；10—限位块；11—定模板；12—定模座板；13—限位杆；14—定模镶块；15—主型芯；
16—分流锥；17—推杆；18—浇口套；19，20—导套；21—导柱

（9）**实验步骤**

①老师先现场介绍压铸的概念、特点及应用范围，介绍卧式压铸机的结构（图 3.30）、原理、适用范围，以及安全注意事项。

②老师进行铝合金件的压铸演示及介绍工艺参数的选取（应提前熔炼铝合金）。

③老师对照模具实物讲解结构及安装，如图 3.31 所示，余时学生自行观察、分析、操作，并作关键记录。

（10）**思考题**

①简述实验中压铸机的基本工作过程、型号意义。

②压铸过程中需要注意的安全问题主要有哪些？

③压铸模的主要结构组成有哪些部分？

（11）**实验报告要求**

实验报告要求在报告中按比例大致绘出所拆装的模具结构简图，并标出模具各个零件的名称及可选材料，将所拆装的某一压铸模类型及各零件的作用以表格形式列出，并完成思考题。

3.6.2　常见材料成形技术方法特点分析实验

（1）实验学时

2 学时。

（2）实验类型

综合性实验。

（3）实验要求

必修。

（4）实验目的

通过本实验使学生：

①了解工程材料的类型。

②掌握常用材料成形技术的特点。

③熟悉各种工、量具的使用，了解其性能参数、适应范围及注意事项。

该实验项目的完成为后续的专业课程、课程设计和毕业设计奠定必要的基础。

（5）实验内容

①观看各种常见材料成形技术方法。

②记录各种常见材料成形技术方法的主要特征及其应用。

③分析各种常见材料成形技术方法的异同点。

（6）实验原理、方法和手段

实验原理为直观观察。

实验方法采用直接法，即用肉眼观察常见材料成形技术的工艺过程。

实验方式或手段为学生在教师的指导下自行观察。

（7）实验组织运行要求

根据本实验的特点、要求和具体条件，采用教师边讲解学生边观察的形式。

（8）实验条件

实验所需条件：小型电阻炉，铸型（砂型或金属型均可），石墨坩埚，熔炼的原辅材料，熔炼及浇注用的操作工具，压力机，注塑机，各种成形模具等。

（9）实验步骤

①按实验要求准备常见材料成形技术工艺、原辅材料、工装模具等。

②观察并记录所见到的现象、特征和结果。

（10）思考题

①所见到的常见材料成形技术工艺各属于什么成形原理或理论？

②常见材料成形技术工艺各有什么特点？

（11）实验报告

实验报告的基本内容、要求及格式参照贵州大学实验报告的基本要求。

（12）其他说明

学生在观察过程中应遵守相关事宜，以确保实验有序进行。

第 **4** 章

零件机械加工基础

4.1 传统金属切削加工

4.1.1 概述

机器制造业在国民经济中起着举足轻重的作用,它为国民经济的各部门提供机器、机械装置和设备。可以说,机器制造业的技术水平和现代化程度决定了整个国民经济的技术水平和现代化程度。

任何机器、部件都是由许多零件组成的。欲使机器的设计图纸变为现实,总是要经过零件的制造、装配、试验过程才能成为实体的构造。零件的一般制造过程包括选材、毛坯成形、热处理、切削加工、检验和装配等生产阶段。因而机器每一个零件的获得都离不开材料和制造工艺。

在现代机械制造业中,传统金属切削加工(习惯上简称为"切削加工")是利用切削刀具从毛坯上切除多余金属,以获得符合要求的形状、尺寸和表面粗糙度的零件加工方法。铸造、锻压和焊接等方法(除特种铸造、精密锻造外),通常只能用来制造毛坯或较粗糙的零件。凡精度要求较高的零件,一般都要进行切削加工,因此,切削加工在机械制造业中占有重要的地位。

切削加工可分为钳工和机械加工(简称"机工")两部分。

钳工一般是由工人手持工具对工件进行切削加工,其主要内容有划线、錾削、锯削、锉削、刮削、钻孔和铰孔、攻丝及套扣等,机械装配和维修也属钳工范围。随着加工技术的不断发展,钳工的一些工作已由机工所代替,机械装配也在一定范围内不同程度地实现了机械化、自动化。但在某些情况下,钳工不仅方便、经济,还易于保证加工质量,特别是在装配、维修以及模具制造中,仍然是不可缺少的加工方法,因此,钳工在机械制造业中仍占有独特的地位。

机械加工是将工件和刀具安装在机床上,通过工人操纵机床来完成切削加工。其主要的加工方式有车、钻、刨、铣、磨及齿轮加工等。所用的机床有车床、钻床、刨床、铣床、磨床和齿轮加工机床等。

机床的种类很多,若按其使用上的适应性来分类,则可分为通用机床、专门化机床和专用机床;若按其精度来分类,则可分为普通机床、精密机床和高精度机床;若按其自动化程度来分类,则可分为一般机床、半自动机床和自动机床;若按其质量来分类,则可分为一般机床、大型机床和重型机床。按机床的加工性质和所用刀具进行分类是最基本的机床分类方法。按照《金属切削机床型号编制方法》(JB 15375—94)的规定,机床分为 12 类,即车床、钻床、镗床、磨床、齿轮加工机床、螺纹加工机床、刨插床、拉床、铣床、电加工机床、切断机床及其他机床。

机床的型号是由汉语拼音字母及阿拉伯数字组成,它简明地表示了机床的类别、性能、结构特征和主要技术规格,使人们看到型号就能对该机床有一个基本的了解。图 4.1 所示的摘要表达了机床型号的基本含义。

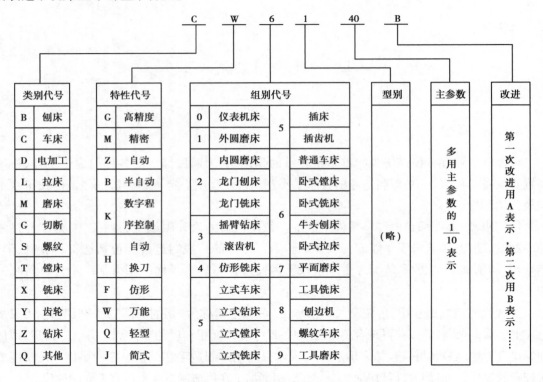

图 4.1 机床型号的基本含义

4.1.2 车削加工

(1)加工特点

一般情况下,车削加工是以主轴带动工件作回转运动为主运动,以刀具的直线运动为进给运动,其工艺特点如下:

①根据所用机床的精度不同,车削加工可以达到的加工精度等级也不同。车削加工的尺寸精度范围较宽,一般可达 IT7~IT13,精车时可达 IT5~IT6。表面粗糙度 Ra(轮廓算术平均

高度)可达 0.8 μm。如果采用高精度机床与合适的车刀(如金刚石车刀)相配合,可以达到更高的精度。

②容易保证零件加工表面的位置精度:车削加工时,一般短轴类或盘类工件用卡盘装夹,长轴类工件用前后顶尖装夹,套类工件用心轴装夹,而形状不规则的零件用花盘装夹或花盘弯板装夹,在一次安装中,可依次加工工件各表面。由于车削各表面时均绕同一回转轴线旋转,故可以较好地保证各加工表面间的同轴度、平行度和垂直度等位置精度要求。

③生产效率较高:车削时切削过程大多数是连续的,切削面积不变,切削力变化很小,切削过程比刨削和铣削平稳。因此,可采用高速切削和强力切削,使生产率大幅度提高。

④生产成本较低:车刀是刀具中最简单的一种,制造、刃磨和安装均很方便。车床附件较多,可满足一般零件的装夹,生产准备时间较短。车削加工成本较低,既适宜单件小批量生产,也适宜大批量生产。

(2)应用范围

车削加工应用十分广泛,是轴、盘、套等回转体零件不可缺少的加工工序。因机器零件以回转体表面居多,故车床一般占机械加工车间机床总数的 50% 以上。

车削加工中应用最为广泛的是普通车床,它适用于各种轴、盘及套类零件的单件和小批量生产。为了满足零件加工的需要以及提高切削加工的生产率,除用普通车床外,还有六角(转塔)车床、立式车床、仿形车床、自动和半自动车床及数控车床等各种类型的车床。

在普通车床上可以完成的主要工作,见表 4.1。由此可见,凡绕定轴心线旋转的内外回转体表面,均可用车削加工来完成。工件在车床上的装夹方法,见表 4.2。

表 4.1 车床的主要应用范围

类型	图例	类型	图例
钻中心孔		钻孔	
铰孔		攻丝	
车外圆		镗孔	
车端面		切断	

续表

类型	图例	类型	图例
车成形面	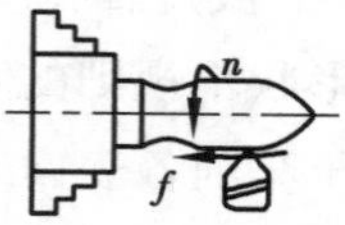	车锥面	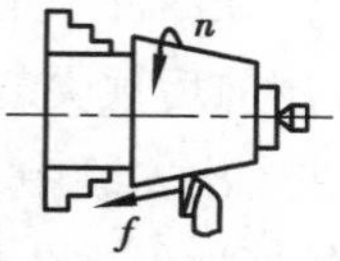
滚花	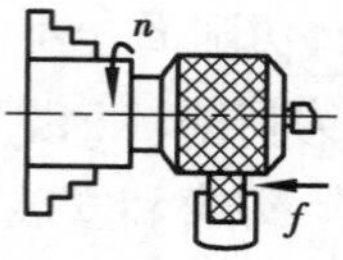	车螺纹	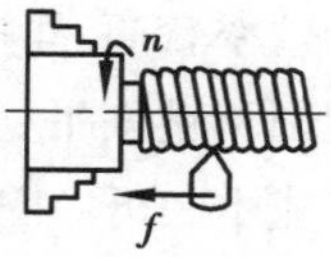

表 4.2　车床的主要装夹方式

夹具名称	装夹简图	特点及应用
三爪卡盘		三爪同时运动时,能自动定心,定位精度不高 适合于安装较短的圆形、六方截面的中小型零件
四爪卡盘		4个卡爪独立运动,安装时找正比较费时,但可以提供较大的夹紧力 适合于安装较短的截面为圆形、方形或不规则形状的零件以及直径较大且较重的盘套类零件
花盘		花盘上沿直径方向开有若干槽,可在上面利用螺钉压板和角铁装夹零件,但找正费时 适合于安装形状不规则的工件和孔(或外圆)与基准面平行的工件,使用时需要加配重以保持平衡,防止转动时产生振动
跟刀架及中心架	 	中心架与跟刀架是加工细长轴类零件时,为减小工件在切削力作用下产生的弯曲变形所使用的一种辅助支承 适合于车削细长的轴类零件

（3）典型加工设备：CA6140 车床

CA6140 卧式车床的结构如图 4.2 所示，其代号的含义：C 代表车床，A 代表第一次重大的设计修改，6 表示落地及普通车床，1 表示普通车床，40 是机床主参数，为回转直径的 1/10，即回转直径 =（40×10）mm = 400 mm。

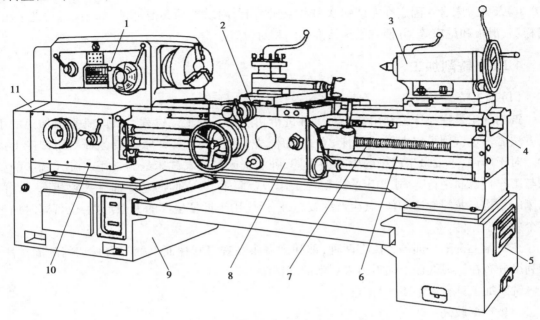

图 4.2　CA6140 卧式车床的结构

1—主轴箱；2—刀架；3—尾座；4—床身；5—右床腿；6—光杠；7—丝杠；
8—溜板箱；9—左床腿；10—进给箱；11—交换齿轮变速机构

1）工艺范围

可以完成车削：内外圆柱面、端面、圆锥面、回转体面、环形槽以及各种螺纹的加工，还可进行钻孔、扩孔、铰孔、攻丝、套丝和滚花等加工。

2）基本参数

主参数为床身上零件的最大回转直径 $D = 400$ mm；第二参数为床身长度，包含 750、1 000、1 500 和 2 000 mm 4 种。

3）主要结构

①主轴箱。主轴箱 1 由箱体、主轴、传动轴、轴上传动件和变速操纵机构等组成，其功用是支承主轴部件，并使主轴与工件以所需速度和方向旋转。

②刀架与滑板。四方刀架用于装夹刀具；滑板俗称拖板，由上、中、下 3 层组成；床鞍（即下滑板或称大拖板）用于实现纵向进给运动；中滑板（即中拖板）用于车外圆（或孔）时控制吃刀深度及车端平面时实现横向进给运动；上滑板（即小拖板）用来纵向调节刀具位置和实现手动纵向进给运动，上滑板还可相对中滑板偏转一定角度，用于手动加工圆锥面。

③进给箱。进给箱 10 内装有进给运动的传动及操纵装置，用以改变机动进给的进给量或被加工螺纹的导程。

④溜板箱。溜板箱 8 安装在刀架部件底部,它可以通过光杠或丝杠接受自进给箱传来的运动,并将运动传给刀架部件,从而使刀架实现纵、横向进给或车螺纹运动。

⑤尾座。尾座 3 安装于床身尾座导轨上,可沿其导轨纵向调整位置,其上可安装顶尖用来支承较长或较重的工件,也可安装各种刀具,如钻头和铰刀等。

⑥床身。床身 4 固定在左床腿 9 和右床腿 5 上,用以支承其他部件,如主轴箱、进给箱、溜板箱、滑板和尾座等,并使它们保持准确的相对位置。

4.1.3 铣削加工

(1)加工特点

铣削加工是在铣床上利用铣刀对工件进行切削加工的工艺过程。铣削是平面加工的主要方法之一。铣削可以在卧式铣床、立式铣床、龙门铣床、工具铣床以及各种专用铣床上进行。对于单件、小批量生产中的中小型零件,卧式铣床和立式铣床最为常用。卧式铣床的主轴与工作台台面平行,立式铣床的主轴与工作台台面垂直,它们的基本部件大致相同。龙门铣床的结构与龙门刨床相似,其生产率较高,广泛应用于批量生产的大型工件,也可同时加工多个中小型工件。

在铣床上铣削平面的方法有两种,即利用分布在铣刀圆柱面上的刀刃来切削的周铣法,和利用分布在铣刀端面上的刀刃来切削的端铣法。

铣削加工具有以下工艺特点:

1)生产率较高

铣刀是典型的多齿刀具,铣削时有几个刀齿同时参加工作,并可利用硬质合金镶片铣刀,便于采用高速铣削,且切削运动是连续的。因此,与刨削加工相比,铣削加工的生产率较高。

2)刀齿散热条件较好

铣刀刀齿在切离工件的一段时间内可得到一定程度的冷却,有利于刀齿的散热。但由于刀齿的间断切削,使每个刀齿在切入和切出工件时,不但受到冲击力的作用,而且受到热冲击,这将加剧刀具的磨损。

3)铣削时容易产生振动

铣刀刀齿在切入和切出工件时易产生冲击,并将引起同时参加工作的刀齿数目的变化,即使对每个刀齿而言,在铣削过程中的铣削厚度也是不断变化的,因此使铣削过程不够平稳,影响加工质量。与刨削加工相比,除宽刀细刨外,铣削的加工质量与刨削大致相当,一般经粗加工、精加工后都可达到中等精度。

(2)应用范围

铣床的种类、铣刀的类型和铣削的形式均较多,加之分度头、圆形工作台等附件的应用,铣削加工的应用范围较广,适合在铣床上进行加工的零件,如图 4.3 所示。

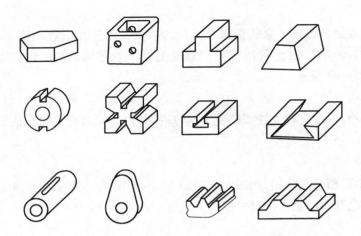

图 4.3　适合在铣床上进行加工的零件图例

　　铣削主要用于加工各种位置的平面、各种形状的沟槽,以及成形面和曲面,还可用于镗孔、钻孔、攻丝等孔加工,图 4.4 为铣削加工的典型应用。

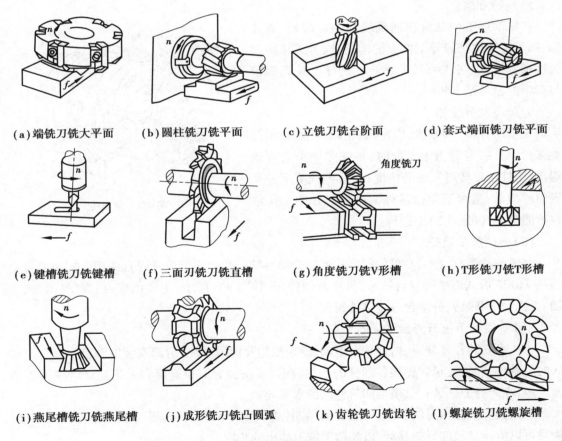

图 4.4　铣削加工的典型应用范围

1）铣平面

铣平面可以在卧式铣床或立式铣床上进行,有端铣、周铣和二者兼用3种方式。可选用端铣刀、圆柱铣刀和立铣刀,也常用三面刃盘铣刀铣削水平面、垂直面和台阶小平面,如图4.4（a）、（b）、（c）、（d）所示。

2）铣沟槽

铣直槽或键槽,一般可在立铣或卧铣上用键槽铣刀、立铣刀或盘状三面刃铣刀进行,如图4.4（e）、（f）所示。

3）铣槽

铣V形槽、T形槽和燕尾槽,如图4.4（g）、（h）、（i）所示,均须先用盘铣刀铣出直槽,然后再用专用铣刀在已开出的直槽上进一步加工成形。

4）铣成形面

常用的铣成形面的方法有在立铣床上用立铣刀按画线铣成形面;利用铣刀与工件的合成运动铣成形面;利用成形铣刀铣成形面,如图4.4（j）、（k）所示。在大批量生产中,还可采用专用靠模或仿形法加工成形,或用程序控制法在数控铣床上加工。

5）铣螺旋槽

在铣削加工中常常会遇到铣削螺旋齿轮、麻花钻、螺旋齿圆柱铣刀等工件上的沟槽,这类工作统称为铣螺旋槽,如图4.4（l）所示。在铣床上铣螺旋槽与车螺纹原理基本相同。

6）分度及分度加工

铣削四方体、六方体、齿轮、棘轮以及铣刀、铰刀类多齿刀具的容屑槽等表面时,每铣完一个表面或沟槽,工件必须转过一定的角度,然后再铣削下一个表面或沟槽,这种工作通常称为分度。分度工作常在万能分度头（图4.5）上进行。

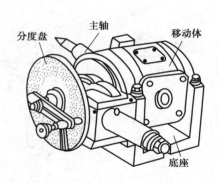

图4.5　分度头

（3）典型加工设备

铣床的种类有很多,常见的有卧式万能升降台铣床和立式万能升降台铣床。其中最常见的是X6132卧式万能升降台铣床,简称万能铣床,如图4.6所示,主要由床身、横梁、吊架、主轴、工作台、回转台、升降台等零部件组成。

X6132卧式万能升降台铣床的特点有:

①床身安装在底座上,内部装有主轴、变速机构及润滑系统,后部安装电动机。床身上机床的基础件,起着支承和连接各部件的作用,在床身前面装有供升降台上下运动的燕尾形垂直轨道,在床身上部装有供横梁前后移动的水平导轨。

②横梁安装在床身的顶部,外端安装吊架,用以支撑铣刀刀杆,提高加工中刀杆的刚度。横梁可以沿床身顶部导轨移动,以此调整铣刀伸出的长度。

③主轴是中空的,并且是7∶24的精密锥度孔,用以安装刀杆或安装带柄铣刀,其作用就是通过刀杆或者直接带动铣刀旋转进行切削工作。

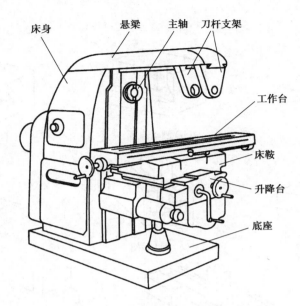

图 4.6 卧式万能升降台铣床

④工作台包含纵向（Y 方向）工作台和横向（X 方向）工作台。纵向工作台上安装夹具及工件，并带动夹具及工件一起沿安装在转台上的导轨作纵向直线（左右）运动。横向工作台安装在升降台上，并将转台装在横向工作台上，所以横向工作台可以带动装在其上的转台、纵向工作台同时沿升降台的导轨作横向直线（前后）运动。

⑤转台处于横向工作台和纵向工作台的中间，上面有纵向的轨道，以方便纵向工作台的纵向运动；下面有螺钉与横向工作台连接，可以与横向工作台一起作横向运动，松开该螺钉，即可实现转台与纵向工作台一起在水平面内做左右各 45°的转动，即可实现螺旋面等的铣削加工。

⑥升降台可以沿床身前面的燕尾形导轨上下运动，以调整工作台面到铣刀之间的距离。

4.1.4 刨削加工

（1）加工特点

①加工成本低。因为刨床结构简单，调整操作方便，刨刀的制造和刃磨容易，价格低廉，所以加工成本明显低于同类机床。

②切削是断续的，每个往复行程中刨刀切入工件时，受较大的冲击力，刀具容易磨损，加工质量较低。

③换向瞬间运动反向惯性大，致使刨削速度不能太快。但由于刨削速度低和有一定的空行程，产生的切削热不高，故一般不需要加切削液。

④返回行程中刨刀一般不切削，造成空程时间损失，致使生产效率较低。刨削加工精度达 IT7～IT10 级，表面粗糙度 Ra 可达 1.6～6.3 μm。

（2）应用范围

刨床结构简单、操作方便、通用性强，适合在多品种、单件小批量生产中，用于加工各种平面、导轨面、直沟槽、T 形槽、燕尾槽等。如果配上辅助装置，还可加工曲面、齿轮、齿条等工件,如图 4.7 所示。

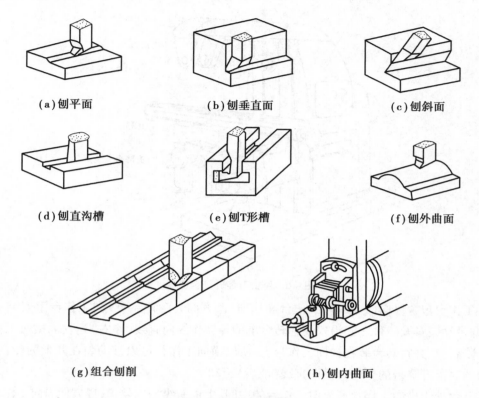

（a）刨平面　　　　　　　（b）刨垂直面　　　　　　　（c）刨斜面

（d）刨直沟槽　　　　　　（e）刨T形槽　　　　　　　（f）刨外曲面

（g）组合刨削　　　　　　　　　　　（h）刨内曲面

图 4.7　刨床加工范围

（3）典型加工设备

图 4.8 是典型的牛头刨床 B6065,其主要组成部分如下:

1）床身

床身的作用是支承刨床各部件,其顶面是燕尾形水平导轨供滑枕作往复直线运动用;前面垂直导轨供横梁连同工作台一起做升降运动用,床身内部装有传动机构。

2）滑枕

滑枕的前端有环形 T 形槽,用于安装刀架及调节刀架的偏转角度,滑枕下有两条导轨,与床身的水平导轨结合并作往复运动。

3）刀架

刀架是用来装夹刨刀,并使刨刀沿垂直方向或倾斜方向移动,以控制切削深度。它由刻度转盘、溜板、刀座、抬刀板和刀夹等组成。转动手柄可以使刨刀沿转盘上的导轨作上下移动,用以调节切削深度或作垂直进给。松开刀座上的螺母可以使刀座在溜板上作±15°的转动;若松开转盘与滑枕之间的固定螺母,可以使转盘作±60°的转动,用以加工侧面或斜面。抬刀板可绕刀座上的轴向上抬起,避免刨刀回程时与工件摩擦。

4）工作台

工作台的作用是用于安装工件。它可随横梁一起作垂直运动,也可沿横梁作横向水平运动或横向间歇进给运动。

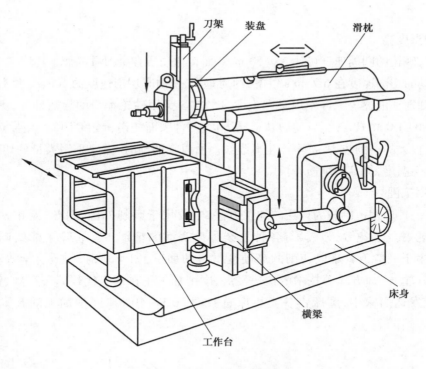

图 4.8　B6065 牛头刨床

4.1.5　磨削加工

(1)加工特点

磨削加工是用磨具以较高的线速度对工件表面进行加工的方法。它和车削、铣削、刨削等比较,具有以下工艺特点:

1)加工质量高

磨削时,由于磨粒的刃口比较锋利、切削深度较小、切削速度高,磨床横向进给量很小,因此每个磨刃只从工件表面磨去极薄的一层金属,留下的残余面积极小;加上磨床精度高、刚性好、传动系统采用带传动和液压传动,工作很平稳。能获得很高的加工精度和质量较高的表面。一般加工精度可达 IT5~IT8 级,表面粗糙度 Ra 为 0.2~1.6 m。当采用镜面磨削时,表面粗糙度 Ra 为 0.015~0.04 m。

2)能加工硬度很高的材料

在磨削时,由于磨粒本身具有很高的硬度,且砂轮具有自锐性,使得磨粒总能以坚硬而锋利的刀刃对工件进行连续的切削工作。因此,不论硬或软的材料都能磨削,尤其对一些车、铣、刨、钻等切削加工难以进行的高硬度材料,如淬火钢、各种切削刀具及硬质合金等,均能由磨削完成。

3)不宜磨削较软的有色金属

对于一般有色金属零件,由于材料塑性好,若采用磨削进行精加工,会使砂轮很快被有色金属磨屑所堵塞,使磨削无法进行,因此对较软的有色金属材料的零件不宜进行磨削

83

加工。

4)磨削温度高

磨削时,砂轮的圆周速度可达 35~50 m/s,而普通硬质合金刀具的切削速度在 3.3 m/s 以下,陶瓷刀具的切削速度在 6.7 m/s 以下,约为车削、铣削时切削速度的 10 倍。磨粒对工件表面的切削、刻划和滑擦等综合作用会产生大量的热。又因砂轮本身的导热性差,磨削区的温度可高达 800~1 000 ℃,甚至可使微粒金属熔化、工件表面烧伤、硬度下降。使导热性差的工件表层产生很大的磨削应力,甚至产生微裂纹。所以在磨削时,需要采用大量的切削液,以有效地降低切削温度,提高磨削质量。

(2)应用范围

磨削是一种应用范围较为广泛的加工方法,主要用于磨削外圆、内圆、圆锥、平面、成形表面(如齿轮、螺纹、花键、刀具)等各种复杂零件表面的精加工。它除了能磨削普通材料外,尤其适用于一般刀具难以切削的高硬度材料的加工,如淬硬钢、硬质合金等。近年来,随着磨床、砂轮、冷却方式等技术的快速发展,磨削加工正在逐步代替部分车削、铣削加工,目前在工业发达国家中,磨床占各类机床总数的 30%~40%。磨削加工的基本应用如图4.9 所示。

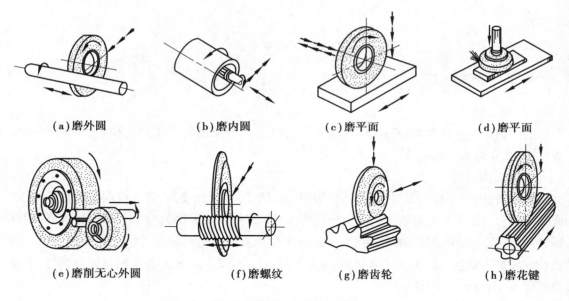

(a)磨外圆　　　　(b)磨内圆　　　　(c)磨平面　　　　(d)磨平面

(e)磨削无心外圆　　　(f)磨螺纹　　　(g)磨齿轮　　　(h)磨花键

图 4.9　磨削加工的基本应用

(3)典型加工设备

磨床的种类有很多,常用的有外圆磨床、内圆磨床和平面磨床等。如图 4.10 所示,是外圆磨床 M1432A。

按国家标准《金属切削机床型号编制方法》(GB/T 15375—2008)的规定,M1432A 型号的意义:M—磨床;1—外圆磨床;4—万能外圆磨床;32—最大磨削直径为 320 mm;A—第一次重大改进。

外圆磨床 M1432A 的主要组成部件为:

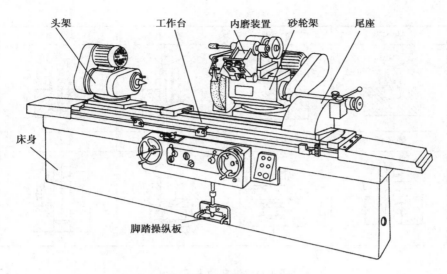

头架　工作台　内磨装置　砂轮架　尾座

床身

脚踏操纵板

图 4.10　外圆磨床 M1432A

①头架和尾架:这两个装置与车床的卡盘和顶尖相似,用来安装工件,头架上可以安装顶尖,也可以安装卡盘;头架通过塔形皮带轮来传动并改变转速,实现圆周进给运动。头架可以逆时针偏转 90°,便于磨削任意锥角的锥面。

②砂轮架:用来安装外圆砂轮和内圆磨具,它可沿床身上的导轨作横向进给运动,这个横向移动可以由液压驱动,完成快速引进→自动周期横向进给→快速退出的工作循环,也可用手动进给。

③工作台:用来实现纵向往复运动,即纵向进给。为了能磨削小锥角的长锥面,工作台分上下两层,上工作台可以相对下工作台偏转一定角度(顺向 3°,逆向 9°)。

④纵向往复运动采用液压传动,其优点是传动平稳,操作简便,可在较大范围内实现无级调速。缺点是结构复杂,制造成本高,使用要求高,维修困难。

4.1.6　孔加工

(1)加工特点

在车床上用钻头加工孔,加工时工件旋转,钻头只作纵向进给运动。而在钻床上钻孔时,工件固定不动,钻头旋转(主运动),并作轴向移动(进给运动)。

(2)应用范围

在各种机械上,孔的应用十分广泛,作用也十分重要。孔是组成零件的基本表面之一。当工件孔的位置与工件外形不对称时,特别是多孔工件,若在车床上加工,就十分困难。类似这样的工件,根据孔的精度要求,在钻床或镗床上加工就比较方便。钻床主要加工尺寸不太大、精度要求不很高的孔。镗床适合加工精度要求较高的孔。孔加工的主要应用如图 4.11所示。

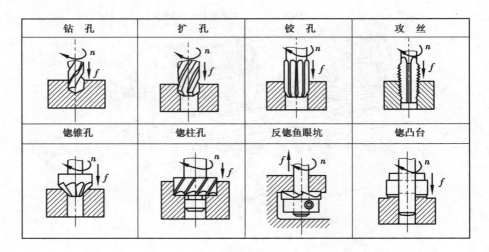

图 4.11　钻床的主要应用

(3)典型加工设备

钻床的主要类型有台式钻床、立式钻床、摇臂钻床、深孔钻床等。

1)台式钻床

台式钻床的基本结构如图 4.12 所示,通常简称为台钻,其钻孔直径≤12 mm。由于加工的孔径很小,因此台钻的主轴转速往往较高。台钻小巧灵活,使用方便,适用于加工小型零件上的各种小孔。

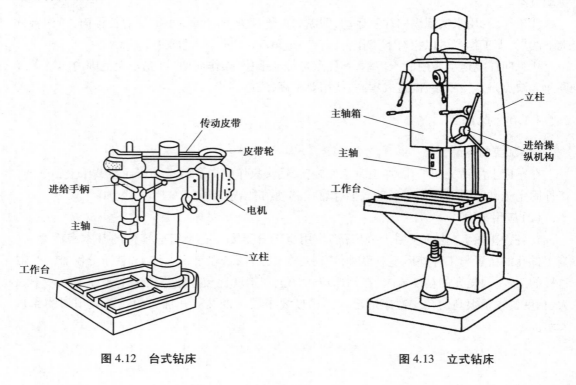

图 4.12　台式钻床　　　　　　　　　　图 4.13　立式钻床

2）立式钻床

图 4.13 为立式钻床的外形图。这类钻床型号用最大钻孔直径来表示，如 Z5125A 的最大钻孔直径是 25 mm。主轴垂直布置是其结构特点。主轴箱中装有主运动和进给运动的变速传动机构、主轴部件及操纵机构等。主轴箱固定不动，用移动工件的方法找正，进给运动由主轴随主轴套筒在主轴箱中作直线移动来实现。手轮可实现手动主轴快速升降、手动进给以及接通或断开机动进给。工作台和主轴箱都装在方形立柱的垂直导轨上，可上下调整位置，以适应不同高度的工件加工。

3）摇臂钻床

摇臂钻床的主轴能在空间任意调整位置，因此能做到工件不动而方便地加工工件上不同位置的孔，较为适合大而重的工件加工。图 4.14 是摇臂钻床的外形图。其主轴箱装在摇臂上，可沿摇臂的导轨水平移动，而摇臂又可绕立柱的轴线转动，因而可以方便地调整主轴的坐标位置，进行找正。此外，摇臂还可以沿立柱升降，方便加工不同高度的工件，为保证机床在加工时有足够的刚度，使主轴在工作时保持准确的位置，摇臂钻床具有立柱、摇臂及主轴箱的夹紧机构，当主轴位置调整完毕后，可以迅速地将它们夹紧。工作台可用于安装尺寸不大的工件，如果工件尺寸很大，可将其直接安装在底座上，甚至放在地面上进行加工。摇臂钻床适合于在单件和中、小批量生产中加工大、中型零件。

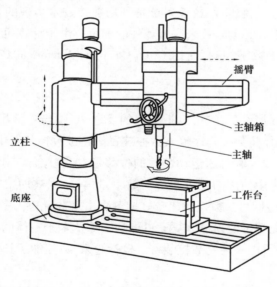

图 4.14 摇臂钻床

4.2 数控加工及特种加工技术

随着科学技术的发展，各种新材料、新工艺和新技术不断涌现，机械制造工艺正朝着高质量、高生产率和低成本方向发展。电火花、电解、超声波、激光、电子束和离子束加工等工艺的出现,已突破了传统的依靠机械能、切削力进行切削加工的范畴,可以加工各种难加工材料、复杂的型面和某些具有特殊要求的零件。数控机床的出现,提高了更新频繁的小批量零件和形状复杂的零件加工的生产率及加工精度。特别是计算方法和计算机技术的迅速发展,大大推进了机械加工工艺的进步,使工艺过程的自动化达到了一个新阶段。目前,数控机床的工艺功能已由加工循环控制、加工中心发展到适应控制。加工循环控制虽可实现每个加工工序的自动化,但不同工序中刀具的更换及工件的重新装夹,仍需人工来完成。加工中心是一种高度自动化的多工序机床,又称为自动换刀数控机床,它能自动完成刀具的更换、工件转位和定位、主轴转速和进给量的变换等,使工件达到了最大的经济效益。

近年发展起来的以计算机为行动中心,完成加工、装卸、运输、管理的柔性制造系统,具有监视、诊断、修复、自动转位加工产品的功能,使多品种、中小批量生产实现了加工自动化,大大促进了自动化的进程。尤其是将计算机辅助设计与制造结合起来而形成的计算机集成制造系统,是加工自动化向智能化方向发展的又一关键性技术,并进一步朝着网络化、集成化和智能化方向发展。

4.2.1　数控加工

数控是数字控制(Numerical Control)的简称。数控技术是采用数字信息加工过程的轨迹、速度和精度等进行控制的技术。数控系统是利用数控技术实现的自动控制系统,以数字信息控制机床的运动速度和运动轨迹来完成零件的加工。由于计算机应用技术的发展,现在的数控系统均采用计算机数字控制,简称 CNC(Computer Numerical Control),以区别于传统的 NC。

(1)数控机床的特点

数控机床是典型的数控设备,它可以把加工的要求、步骤与零件尺寸用代码和数字表示为数控程序,通过信息载体将数控程序输入数控装置。经过数控装置中的计算机处理与计算发出各种控制信号,正确地控制机床运动部件的位移量,按程序加工出图纸上要求的形状与尺寸的零件。在数控机床中使用的是可编程的数字量信号,当被加工零件改变时,只要编写(描写)该零件加工的程序即可。数控机床较好地解决了复杂、精密、多变的零件加工问题,是集计算机应用、自动控制、精密测量、微电子、机械加工等技术于一体的一种具有高效率、高精度、高柔性和高自动化的机电一体化数控装备。概括起来,数控加工具有以下特点:

1)加工精度高

数控机床有较高的加工精度,而且数控机床的加工精度不受零件形状复杂程度的影响。这对于一些用普通机床难以保证精度甚至无法加工的复杂零件来说是非常重要的。另外,用数控机床加工,消除了操作者的人为误差,提高了同批零件加工的一致性,使产品质量稳定。

2)生产效率高

使用数控机床加工时,因对工装夹具的要求降低,又免去了画线工作,可使加工准备工作时间缩短。因为具有高的精度,可以简化检验工作,在加工过程中省去了对工件多次测量,节省了检验时间。在加工零件改变时用改换程序的方法,可节省准备与调整的时间。这些都有效地提高了生产效率。如果使用能自动换刀的数控加工中心机床,则可进行多道工序的连续加工,避免了多次定位误差,缩短了半成品的周转时间,生产效率的提高更为显著。

3)适应性强

数控机床采用数字程序控制,当加工对象改变时,只要重新编制零件加工程序并输入,就能够实现对新零件的自动化加工。因此,在同一台机床上可实现对不同品种及尺寸规格零件的自动加工,无须制造、更换许多工具、夹具和检具,更不需要重新调整机床,这就使得复杂结构的单件、小批量生产以及新产品试制非常方便。

4)降低劳动强度,改善劳动条件

数控机床在输入程序并启动后,就自动地连续加工,直至工件加工完毕,自动停车。这样就简化了工人的操作,也使操作时的紧张程度大为减轻。

5)便于生产管理

用数控机床加工,能准确地计划零件的加工工时,简化检验工作,减轻工夹具、半成品的管理工作,减少了因误操作而出废品及损坏刀具的可能性。这些都有利于管理水平的提高。当然,也需要相应地增加程序的准备与管理工作。

6)适于高级计算机控制与管理方面的发展

数控机床使用数字量信号与标准代码输入,最宜于与数字计算机网链接。所以它是将来计算机控制与管理系统的基础。

(2)数控加工的应用范围

数控机床以其精度高、效率高、能适应小批量复杂零件的加工等特点,在机械加工中得到了日益广泛的应用。目前的数控加工主要应用于以下几个方面:

①常规中小批量零件加工,如二维车削、箱体类镗铣等。常规加工中应用数控技术的目的在于:提高加工效率,避免人为误差,保证产品质量;以柔性加工方式取代高成本的工装设备,缩短产品制造周期,适应市场需求。这类零件一般形状较简单,实现上述目的的关键在于提高机床的柔性自动化程度、高速高精加工能力、加工过程的可靠性与设备的操作性能。

②复杂形状零件加工,如模具型腔、涡轮叶片等。这类零件型面复杂,用常规加工方法难以实现,它不仅促使了数控加工技术的产生,而且也一直是数控加工技术主要研究及应用的对象。由于零件型面复杂,在加工技术方面,除要求数控机床具有较强的运动控制能力(如多轴联动)外,更重要的是如何有效地获得高效优质的数控加工程序,并从加工过程整体上提高生产效率。

③需要频繁改型的产品。

④要求生产周期很短的急件。

(3)数控机床的发展

数控机床是在机械制造技术和控制技术基础上发展起来的。第一台电子计算机叫作电子数字积分计算机(Electronic Numerical Integrate and Computer),它于1946年2月15日在美国宣告诞生。计算机的研制成功为产品制造由刚性自动化朝着柔性自动化方向发展奠定了基础。

1)数控技术与数控机床的产生与发展

自20世纪40年代以来,航空航天技术的发展对各种飞行器的加工提出了更高的要求,这类零件形状复杂,材料多为难加工合金。为了提高强度、减轻质量,通常将整体材料铣成蜂窝式结构,用传统的机床和工艺方法加工不能保证精度,也很难提高生产率。

1948 年,美国帕森斯公司为了解决飞机框架和直升机叶片加工过程中所用样板的制造问题,提出了数控机床的初始设想。后来,受美国空军的委托,与麻省理工学院合作,在 1952 年研制成功了世界上第一台三坐标数控铣床,它的控制装置大约由 2 000 个电子管组成,体积约一间普通实验室那么大。尽管现在看来这套控制系统体积庞大、功能简单,但它在制造技术的发展史上却有着划时代的意义,这是世界上第一台数控机床,标志着数字控制时代的开始。

1959 年,晶体管元件的出现使得电子设备的体积大大减小,数控系统中广泛采用晶体管和印制电路板,数控技术的发展进入第二代。1959 年 3 月,克耐·杜列克公司发明了带有自动换刀装置的数控机床,称之为"加工中心"。从 1960 年开始,数控技术进入了实用阶段,工业发达国家(如美国、德国、日本等)开始开发、生产和使用数控机床。

1965 年,出现了小规模集成电路。由于其体积小、功耗低,使数控系统的可靠性得以进一步提高,这是第三代数控系统。1967 年,英国首先把几台数控机床连接成具有柔性的加工系统,这就是最初的 FMS(Flexible Manufacturing System),即柔性制造系统。在这之后,美国、日本和欧洲也相继进行了柔性制造系统方面的研究。在这以前的数控系统中,所有功能都是靠硬件实现的,现在称为普通数控。

1970 年,在美国芝加哥国际机床展览会上,首次展出了一台以通用小型计算机作为数控装置的数控系统,被人们称为第四代数控系统,这种数控系统的最大特征是许多数控功能可以由软件来实现,系统变得灵活、通用性好,价格也低很多。这就是我们现在说的计算机数控系统。

1974 年,开始出现了以微处理器为核心的数控系统,被人们誉为第五代数控系统,近 50 年来,装备微处理机数控系统的数控机床得到飞速发展和广泛应用。

数控技术经过 50 多年的发展,从控制单机到生产线以至整个车间、整个工厂。目前数控系统的故障率已下降到 0.01 次/月台。无故障时间已达到 100 个月,大大提高了数控系统的性能。以 FANUC 公司为例,1991 年开发的 FS220 系统与 1971 年开发的 FS15 系统相比,体积减小了 90%,加工精度提高了 10 倍,加工效率提高了 20 倍,可靠性提高了 30 倍以上。

数控技术的发展推动了数控机床的发展,目前全世界约有 100 万台数控机床,占所有机床总数的 7%。数控技术的水平和机床的数控化率已成为衡量一个国家制造业水平的标志,数控技术已成为先进制造技术的基础和关键技术。与此同时,人们已经在构思和开发下一代数控技术产品。

2)中国数控技术与数控机床的发展

我国从 1958 年开始数控技术的研究,1966 年研制成功晶体管数控系统,1972 年研制成功集成电路数控系统,并出现了线切割机、非圆齿轮插齿机、数控铣床等代表性产品。其中数控线切割机由于模具加工的迫切需要,以其价格低廉、技术简单、使用方便等特点得到了迅速发展,年产量在 600~700 台。但其他数控机床由于元件、工艺等方面的原因推广很慢。1973—1979 年,我国共生产数控机床 4 108 台,其中数控线切割机占 86%。与此同时,我国每年用 1 亿元从国外进口数控机床,由于技术消化、售后服务跟不上,这些机床也没有得到很好的利用。

20 世纪 80 年代开始,在改革开放方针的指引下,相继引进了日本具有 20 世纪 70 年代末期水平的微处理器数控系统和直流伺服驱动技术,并于 1981 年开始生产,到 1988 年共生产各种数控系统 1 300 多套,满足了国内市场的部分需求。1985 年又引进了美国 GE 公司和 DU-NAPATH 公司的数控系统和驱动技术,在上海市机床研究所和辽宁省精密仪器厂组织生产。

1985 年开始,我国的数控机床在引进、消化国外技术的基础上,进行了大量的研发工作。到 1989 年底,我国数控机床可供产品已超过 300 种,其中车床占 40%,加工中心占 27%,其他品种有重型机床、镗铣床、电加工机床、磨床、齿轮加工机床等。一些高档次的数控系统,如五坐标联动的数控系统、分辨率为 0. 025 m 的高精度车床用数控系统、数字仿形的数控系统、为柔性制造单元配套的数控系统,也相继开发出来并制造出样机。

(4)数控机床的组成

如图 4.15 所示,数控机床一般由数控系统、操作面板、进给伺服系统、主轴驱动系统、电气回路、辅助装置和机床本体组成。

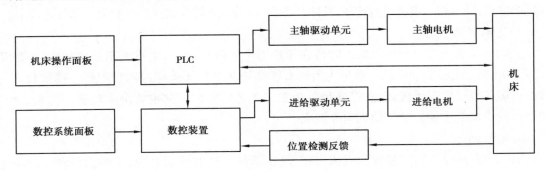

图 4.15　数控机床的组成

1)数控系统

数控系统是数控机床实现自动加工的核心,主要由计算机数控装置和可编程控制器组成。其主要功能有多坐标控制和多种函数的插补功能,多种程序输入功能以及编辑和修改功能,信息转换功能,补偿功能,多种加工方法选择功能,显示功能,自诊断功能,通信和联网功能。其控制方式分为数据运算处理控制和时序逻辑控制两大类。其中,主控制器内的插补运算模块是通过译码、编译等信息处理,进行相应的刀具轨迹插补运算,并通过与各坐标伺服系统的位置、速度反馈信号比较,控制机床各个坐标轴的位移。时序逻辑控制通常主要由可编程控制器 PLC 来完成,它根据机床加工过程对各个动作的要求进行协调,并按各检测信号进行逻辑判别,控制机床各个部件有条不紊地工作。

2)操作面板

数控机床的操作是通过操作面板实现的,机床操作面板由数控面板和机床面板组成。

数控系统面板是数控系统的操作面板,由显示器和手动数据输入(Manual Data Input,MDI)键盘组成,又称为 MDI 面板。显示器的下部常设有菜单选择键,用于选择菜单。键盘除各种符号键、数字键和功能键外,还可设置用户自定义键等。操作人员可以通过键盘和显示器,实现系统管理,对数控程序及有关数据进行输入、存储和编程修改。在加工中,屏幕可以动态地显示系统状态和故障诊断报警等。此外,数控程序及数据还可以通过磁盘或通信接口输入或输出。

机床操作面板主要用于手动方式下对机床的操作,以及自动方式下对机床的操作或干预。面板上有各种按钮与选择开关,用于机床及辅助装置的启停、加工方式选择、速度倍率选择等;还有数码管及信号显示装置等。中、小型数控机床的操作面板常和数控面板做成一个整体,但二者之间有明显界限。数控系统的通信接口,如串行接口,常设置在机床操作面板上。

3)进给伺服系统

进给伺服系统是数控系统的执行部分,主要由伺服电动机、驱动控制系统及位置检测反馈装置等组成,并与机床上的执行部件和机械传动部件组成数控机床的进给系统。它根据数控装置发来的运动指令控制运动部件的进给速度、方向和位移。伺服系统有开环、半闭环和闭环之分。在半闭环和闭环伺服系统中,还要使用位置检测装置去间接或直接测量执行部件的实际进给位移,并与指令位移进行比较,按闭环原理,将其误差转换放大后控制运动部件的进给。

4)主轴驱动系统

主轴驱动系统是机床切削加工时传递扭矩的主要部件之一,电机输出功率较大,一般达2.2~250 kW。主轴驱动系统一般分为齿轮有级调速和电气无级调速两种类型。档次较高的数控机床都要求实现无级调速,以满足各种加工工艺的要求。它主要由主轴驱动控制系统、主轴电动机以及主轴机械传动机构等组成。

5)电气回路

电气回路是介于数控装置和机床机械、液压部件之间的控制系统,主要由各种中间继电器、接触器、变压器、电源开关、接线端子和各类电气保护元器件等构成。其主要作用是接收数控装置输出的主运动变速、刀具选择交换、辅助装置动作等指令信号,经必要的编译、逻辑判断、功率放大后直接驱动相应的电器、液压、气动和机械部件,完成指令所规定的动作。此外,行程开关和监控检测等开关信号也要经过强电控制装置送到数控装置进行处理。

6)辅助装置

辅助装置主要包括刀具自动交换装置(Automatic Tool Changer,ATC)、工件自动交换装置(Automatic Pallet Changer,APC)、工件夹紧放松机构、回转工作台、液压控制系统、润滑装置、冷却液装置、排屑装置、过载与限位保护装置等。

7)机床本体

机床本体是指数控机床机械结构实体。它与普通机床相比,同样由主传动机构、进给传动机构、工作台、床身以及立柱等部分组成,但数控机床的整体布局、外观造型、传动机构、刀具系统及操作机构等具有以下特点:

①采用高性能主传动及主轴部件。

②进给传动采用高效传动件,一般采用滚珠丝杠螺母副、直线滚动导轨副等。

③具有较完善的刀具自动交换和管理系统。

④具有工件自动交换、工件夹紧与放松机构。

⑤床身机架具有很高的动、静刚度。

⑥采用全封闭罩壳。

(5)数控机床的分类

1)按运动控制的特点分类

①点位控制数控机床。这类数控机床控制运动部件从一点准确地移动到另一点。移动过程中不进行加工,如图4.16(a)所示。这类数控机床主要有数控钻床、数控坐标镗床和数控冲床等。

②直线控制数控机床。这类数控机床的数控系统不仅控制机床运动部件从一点准确地移动到另一点,同时要控制两个相关点之间的移动速度和轨迹。其轨迹一般与某一坐标轴平行,如图4.16(b)所示。这类数控机床主要有简易数控车床、数控铣床和数控镗床等。

③轮廓控制数控机床。这类数控机床要求能够同时对两个或两个以上运动坐标的位移及速度进行连续相关的控制,如图4.16(c)所示。这类数控机床主要有数控车床、数控铣床、数控电加工、数控磨床等。

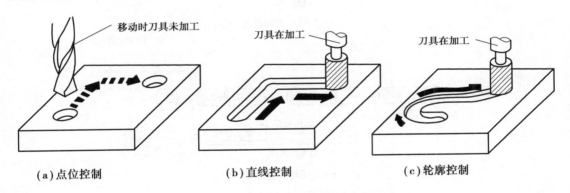

(a)点位控制　　　　　　　　(b)直线控制　　　　　　　　(c)轮廓控制

图4.16　数控机床的点位、直线和轮廓控制

2)按伺服系统的类型分类

①开环控制系统。这类数控系统没有检测装置,也没有反馈电路,通常以步进电机为驱动元件,如图4.17所示。CNC数控装置输出进给指令的脉冲信号通过环形分配器及功率放大器处理后,转换为控制步进电机的各个定子绕组的通断电的信号。根据这个通电(断电)的信号来驱动步进电机转动,并利用齿轮箱等传动机构带动工作台移动。这种控制方式控制简单、精度低、价格低廉,被广泛用于经济型数控系统。

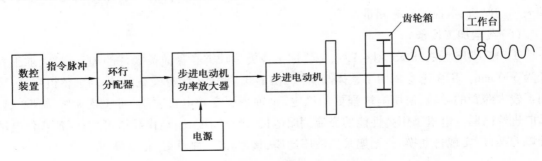

图4.17　开环控制系统的工作流程

②闭环控制系统。如图4.18所示,在数控设备的运动部件上装有测量元件,将运动部件的位置、速度信息及时反馈给伺服系统,伺服系统将指令位置、速度信息与实际信息进行比较并及时发出补偿控制命令。对于数控机床中行程的测量:如果测量元件装在机械传动链中间部件上,如采用测速电机,通过检测电机的旋转来推算安装在滚珠丝杠上的工作台的移动距离,则该系统为半闭环系统,如图4.18(a)所示。如果测量元件装在机械传动链末端的部件上,如直接检测装在机床工作台上的工件的移动距离,则该系统为全闭环系统(或简称为"闭环系统"),如图4.18(b)所示。闭环控制方式的优点是精度高、速度快,但调试和维修较困难。

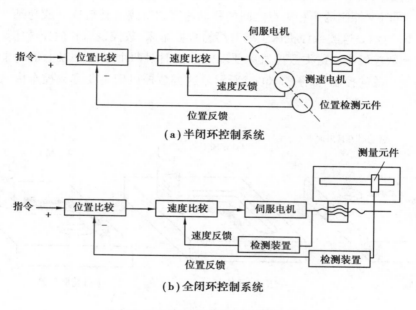

(a)半闭环控制系统

(b)全闭环控制系统

图4.18　闭环控制系统

3)按用途分类

①金属切削加工类:包括数控车床、数控铣床等普通数控机床和具有"一次装夹实现多种工序加工"的加工中心。

②金属成形类数控机床:指采用冲、挤、压、拉等成形工艺的数控机床,如数控折弯机、数控弯管机、数控压力机等。

③特种加工类数控机床:主要有数控线切割机、数控电火花加工机、数控激光切割机、数控火焰切割机、数控三坐标测量机等。

(6)典型加工设备

①CK7150B数控车床(图4.19),主要用于各类短轴类和盘盖类零件的加工,最大加工直径为500 mm。机床床身采用了整体倾斜45°的形式,增大了床身横截面,提高了整机刚性,采用了较大跨距的导轨,使切削过程更加稳定;主轴采用变频电机驱动,可实现无级调速;纵、横向进给的驱动电机采用高性能的交流伺服电机,定位精度高,动作灵活可靠;配备八位电动转塔刀架,可实现自动换刀;尾架采用液压尾座,整体套筒,刚性好、精度高。

图 4.19　CK7150B 数控车床　　　　图 4.20　V850 数控立式加工中心

②V850 数控立式加工中心（图 4.20），主要用于加工凸轮、模具、箱体、阀类、盘类和板类等零件，适于中、小批量和多品种的生产方式，也可进入自动生产线进行批量生产。使用该机床可以节省工艺装备，缩短生产准备周期，保证零件加工质量，提高生产效率。机床工作台尺寸（长×宽）1 060 mm×500 mm，X 轴行程 850 mm、Y 轴行程 500 mm、Z 轴行程 620 mm，工作台最大承载 800 kg，主轴最高转速 8 000 r/min，配备凸轮式机械手换刀装置，刀库容量 24 把，换刀时间（刀到刀）2.5 s，数控系统采用 fanuc Oi mate MD，可实现三轴联动并具备支持第四轴功能的接口。

4.2.2　特种加工

随着社会生产的需要和科学技术的进步，20 世纪 40 年代，苏联科学家拉扎连柯夫妇研究开关触点遭受火花放电腐蚀损坏的现象和原因，发现电火花的瞬时高温可使局部金属熔化、汽化而被腐蚀掉，开创和发明了电火花加工。后来，由于各种先进技术的不断应用，产生了多种有别于传统机械加工的新加工方法。这些新加工方法从广义上定义为特种加工（Non-Traditional Machining，NTM），也被称为非传统加工技术，其加工原理是将电、热、光、声、化学等能量或其组合施加到工件被加工的部位上，从而实现材料去除。

（1）特种加工的加工特点

与传统的机械加工相比，特种加工的特点如下：

①不是主要依靠机械能，而是主要用其他能量（如电、化学、光、声、热等）去除金属材料。这好比我们日常生活中切削水果、蔬菜等时，必须将刀与水果（或蔬菜）相接触，否则根本实现不了切削功能。

②加工过程中工具和工件之间不存在显著的机械切削力，故加工的难易与工件硬度无关。

③各种加工方法可以任意复合、扬长避短，形成新的工艺方法，更突出其优越性，便于扩大应用范围。如目前的电解电火花加工（ECDM）、电解电弧加工（ECAM）就是两种特种加工复合而形成的新加工方法。

正因为特种加工工艺具有上述特点，所以就总体而言，特种加工可以加工任何硬度、强度、韧性、脆性的金属或非金属材料，且更擅长于加工复杂、微细表面和低刚度的零件。

（2）特种加工的分类及应用范围

特种加工的分类还没有明确的规定，一般按能量来源和作用形式以及加工原理可分为表4.3所示的形式。

表 4.3　常用特种加工方法的分类

加工方法		主要能量形式	作用形式	符　号
电火花加工	电火花成形加工	电能、热能	熔化、汽化	EDM
	电火花线切割加工	电能、热能	熔化、汽化	WEDM
电化学加工	电解加工	电化学能	金属离子阳极溶解	ECM
	电解磨削	电化学能、机械能	阳极溶解、磨削	EGM（ECG）
	电解研磨	电化学能、机械能	阳极溶解、研磨	ECH
	电铸	电化学能	金属离子阴极沉积	EFM
	涂镀	电化学能	金属离子阴极沉积	EPM
物料切蚀加工	超声加工	声能、机械能	切蚀	USM
	磨料流加工	机械能	切蚀	AFM
	液体喷射加工	机械能	切蚀	HDM
化学加工	化学铣削	化学能	腐蚀	CHM
	化学抛光	化学能	腐蚀	CHP
	光刻	光能、化学能	光化学腐蚀	PCM
复合加工	电化学电弧加工	电化学能	熔化、汽化腐蚀	ECAM
	电解电化学机械磨削	电能、热能	离子溶解、熔化、切割	MEEC
高能束加工	激光束加工	光能、热能	熔化、汽化	LBM
	电子束加工	光能、热能	熔化、汽化	EBM
	离子束加工	电能、机械能	切蚀	IBM
	等离子弧加工	电能、热能	熔化、汽化	PAM

尽管特种加工优点突出，应用日益广泛，但是各种特种加工的能量来源、作用形式、工艺特点却不尽相同，其加工特点与应用范围自然也不一样，而且各自还都具有一定的局限性。为了更好地应用和发挥各种特种加工的最佳功能及效果，必须依据工件材料、尺寸、形状、精度、生产率、经济性等情况作具体分析，区别对待，合理选择特种加工方法。表4.4对几种常见的特种加工方法进行了综合比较。

表 4.4 特种加工方法的综合比较及应用范围

加工方法	可加工材料	工具损耗率/%（最低/平均）	材料去除率/（mm³/min）（平均/最高）	可达到尺寸精度/mm（平均/最高）	可达到表面粗糙度 Ra/μm（平均/最佳）	主要适用范围
电火花成形加工	任何导电金属材料，如硬质合金钢、耐热钢、不锈钢、淬火钢、钛合金等	0.1/10	30/3 000	0.03/0.003	10/0.04	从数微米的孔、槽到数米的超大型模具、工件等，如各种类型的孔、各种类型的模具
电火花线切割加工		较小（可补偿）	20/200（注：该方法去除率以mm²/min 计）	0.02/0.002	5/0.32	切割各种二维及三维直纹面组成的模具及零件，也常用于钼、钨、半导体材料或贵重金属切削
电解加工		不损耗	100/10 000	0.1/0.01	1.25/0.16	从微小零件到超大型工件、模具的加工，如型孔、型腔、抛光、去毛刺等
电解磨削		1/50	1/100	0.02/0.001	1.25/0.04	硬质合金钢等难加工材料的磨削，如硬质合金刀具、量具等
超声波加工	任何脆性材料	0.1/10	1/50	0.03/0.005	0.63/0.16	加工脆硬材料，如玻璃、石英、宝石、金刚石、硅等，可加工型孔、型腔、小孔等
激光加工	任何材料	不损耗（3 种加工，没有成形用的工具）	瞬时去除率很高，受功率限制，平均去除率不高	0.01/0.001	10/1.25	精密加工小孔、窄缝及成形切割、蚀刻，如金刚石拉丝模、钟表宝石轴承等
电子束加工						在各种难加工材料上打微小孔、切缝、蚀刻、焊接等，常用于制造大、中规模集成电路微电子器件
离子束加工		很低		都为 0.01 μm	都为 0.01	对零件表面进行超精密、超微量加工、抛光、刻蚀、掺杂、镀覆等

（3）研究方向及发展趋势

1）特种加工的研究方向

目前，国际上对特种加工技术的研究主要表现在以下几个方面：

①微细化。目前，国际上对微细电火花加工、微细超声波加工、微细激光加工、微细电化学加工等的研究方兴未艾，特种微细加工技术有望成为三维实体微细加工的主流技术。

②特种加工的应用领域正在拓宽。例如，非导电材料的电火花加工，电火花、激光、电子束表面改性等。

③广泛采用自动化技术。

2）特种加工的发展趋势

充分利用计算机技术对特种加工设备的控制系统、电源系统进行优化，建立综合参数自适应控制装置、数据库等，进而建立特种加工的 CAD/CAM 和 FMS 系统，这是当前特种加工技术的主要发展趋势。用简单工具电极加工复杂的三维曲面是电解加工和电火花加工的发展方向。目前已实现用四轴联动线切割机床切出扭曲变截面的叶片。随着设备自动化程度的提高，实现特种加工柔性制造系统已成为各工业国家追求的目标。

我国的特种加工技术起步较早。20 世纪 50 年代中期我国工厂已设计研制出电火花穿孔机床。20 世纪 60 年代末上海电表厂张维良工程师在阳极—机械切割的基础上发明了我国独创的高速往复式走丝线切割机床（简称快走丝线切割机床），上海复旦大学研制出与之配套的电火花线切割数控系统。但是由于我国原有的工业基础薄弱，特种加工设备和整体技术水平与国际先进水平有不少差距，每年仅高档电加工机床，就需从国外进口 300 台以上。

以应用最为广泛的电火花加工技术为例，其发展趋势有以下几个主要方面：

①CNC 电火花加工技术的发展。自 20 世纪 70 年代以来，美国、西欧、日本都相继推出 CNC 电火花加工机床和加工中心。这些机床都可以实现四轴和五轴联动，可以加工极为复杂的型面。由于加工过程实现了计算机控制，研制出了一批 CAD/CAM 软件，可以使用简单的工具电极加工出任意曲面。同时，有些 CNC 电火花加工机床装有高重复精度的 ATC（自动电极交换）装置，可以使复杂的工具电极分解为若干简单电极，在一次安装工件中，通过自动交换电极，加工出复杂的型面。

②高精度电火花加工技术的发展。高精度机床及电源的研制，使得尺寸精度提高到 1 μm 左右，表面粗糙度 Ra 达 0.1。适应性控制和加工过程最优化技术的应用研究，进一步提高了加工精度和生产率。高精度工具电极制造方法的开发和低损耗电火花加工技术的研究，为实现精密加工提供了基本的保证。

③细微电火花加工技术的开发。由于高技术产品趋于微小型化和集成化，微细电火花加工技术的发展受到了更多的关注。目前微细电火花技术已达到较高的水平，例如，用电火花技术可以加工出数 10 μm 的微孔，其深径比可达 10：1；可以用电火花法直接加工出大面积镜面光度（Ra 0.06 μm）。有些技术已进入商品化阶段。

④开拓应用范围，开发新的技术。共轭回转式电火花加工是我国自行研制的一整套新技术，能加工圆柱面、圆锥面、旋转曲面，还能加工由渐开线、摆线、螺旋线、二次曲面等组成的复杂型面；特殊材料的电火花加工，如半导体材料、陶瓷材料、聚晶金刚石以及各种非导电材料

等的电火花加工技术;多头多电极群孔加工和高速电火花打孔技术发展,在小孔加工方面的应用得到了迅速发展。

(4)**典型加工设备**

①电火花成形加工机床,如图4.21所示。

②电火花线切割加工机床,如图4.22所示。

图4.21 电火花成形加工机床　　　　图4.22 电火花线切割加工机床

4.3　零件机械加工实验

4.3.1　车刀几何角度测量实验

(1)**实验目的**

①了解车刀量角台的构造与工作原理。

②掌握车刀几何角度测量的基本方法。

③加深对车刀各几何角度、各参考平面及其相互关系的理解。

(2)**实验仪器及刀具**

①回转工作台式量角台。

②车刀。

(3)**实验原理**

如图4.23所示,回转工作台式量角台主要由底盘1、平台3、测量片5、大扇形刻度盘6、立柱7、小扇形刻度盘11等组成。底盘1为圆盘形,在零度线左右方向各有100°,用于测量车刀的主偏角和副偏角,通过底盘指针2读出角度值;平台3可绕底盘中心在零刻线左右100°范围内转动;定位块4可在平台上平行滑动,作为车刀的基准;测量片5,如图4.24所示,由主平面(大平面)、底平面、侧平面3个相互正交的平面组成,在测量过程中,根据不同的情况可分别用以代表剖面、基面、切削平面等;大扇形刻度盘6上有正负45°的刻度,用于测量前角、后角、刃倾角,通过测量片5的指针指出角度值;立柱7上制有螺纹,旋转升降螺母8就可以调整测量片5相对车刀的位置。

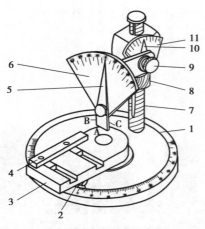

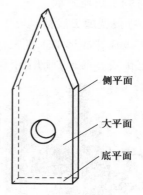

图 4.23　回转式工作台式量角台

1—底盘;2—工作台指针;3—平台;4—定位块;
5—测量片;6—大扇形刻度盘;7—立柱;8—升降螺母;
9—旋钮;10—小指针;11—小扇形刻度盘

图 4.24　测量片平面

（4）实验步骤

1）测量前的调整

调整量角台使平台、大扇形刻度盘和小扇形刻度盘的指针全部指零,此时是工作的原始状态,如图 4.25 所示。

2）测量车刀的主（副）偏角 $\kappa_r(\kappa_r')$

从仪器的原始状态开始,顺（逆）时针旋转平台,使主刀刃与测量片大平面贴合。如图 4.26 所示,即主（副）刀刃在基面的投影与走刀方向重合,平台在底盘上所旋转的角度,即底盘指针在底盘刻度盘上所指的刻度值为主（副）偏角 $\kappa_r(\kappa_r')$ 的角度值。

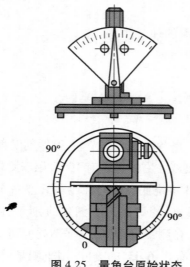

图 4.25　量角台原始状态

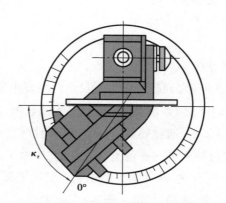

图 4.26　测量车刀的主（副）偏角

3）测量车刀刃倾角（λ_s）

从仪器的原始状态开始，如图 4.27 所示，旋转测量片，测量片的底平面与主切削刃重合，此时测量片指针在大扇形刻度上所指刻度即为刃倾角 λ_s 的角度值。

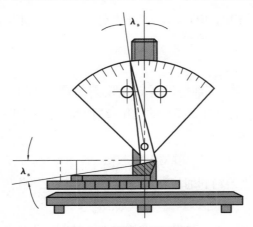

图 4.27　测量车刀刃倾角

4）测量车刀前角 γ_0 和后角

旋转测量片使其底平面与车刀前刀面重合，如图 4.28 所示，测量片指针所指刻度值为前角的角度值；旋转测量片，使其侧平面与主后刀面接触，如图 4.29 所示，测量片指针所指刻度值为后角的角度值。

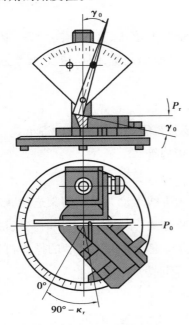

图 4.28　测量车刀前角

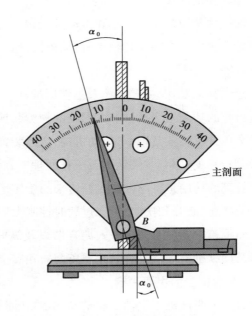

图 4.29　测量车刀后角

（5）记录数据并完成实验报告

将测得的角度值记录并绘制所测车刀的简图，同时标出所测角度，写在实验报告中。

4.3.2 CA6140 型普通车床结构剖析

（1）实验目的

通过 CA6140 型机床结构的剖析实验，使学生更加形象、直观地了解该机床主要组成部分的功用、结构及工作原理。

（2）实验内容

①能较熟练地操纵该机床，掌握该机床主轴箱、进给箱和溜板箱上各种手柄（轮）的功用。

②了解 CA6140 型机床主要组成部分的功用、结构及工作原理。

（3）实验原理、方法和手段

通过指导老师的现场讲授、学生实际操纵机床及实物观察，使学生了解 CA6140 型机床主要组成部分（包括主轴箱、进给箱和溜板箱等）的功用、结构及工作原理。

（4）实验组织运行要求

①指导老师现场集中讲授该实验目的、实验内容、实验要求及实验安全注意事项。

②实验小组人数 5~8 人，学生在老师的指导下完成实验。

（5）实验设施

CA6140 型普通车床两台。

（6）实验步骤

1）主轴箱的功用、主要结构及工作原理

主轴箱的功用是支承主轴和传动其旋转，并使其实现启动、停止、变速和换向等。因此主轴箱中通常包含有主轴及其轴承，传动机构，启动、停止以及换向装置，制动装置，操纵机构和润滑装置等。

2）进给箱的功用、主要结构及工作原理

进给箱的功用是变换被加工螺纹的种类和导程，以及获得所需的各种机动进给量。进给箱中通常包含有轴及其轴承，传动机构、变速装置和操纵机构等。

3）溜板箱的功用、主要结构及工作原理

溜板箱的功用是将丝杆或光杆传来的旋转运动转变为直线运动并带动刀架进给，控制刀架运行的接通、断开和换向；机床过载时控制刀架自动停止进给，手动操纵刀架时实现快速移动等。溜板箱主要由双向牙嵌式离合器以及纵向、横向机动进给和快速移动的操作机构、开合螺母及操纵机构、互锁机构、超越离合器和安全离合器等组成。

（7）实验报告的主要内容

①绘图说明该机床主轴变速箱、进给箱和溜板箱上各种手柄（轮）的功用。

②绘图说明主轴前端与卡盘座联结部分的结构，并说明卡盘在主轴上的装卸方法。

③绘制主轴变速箱内各运动部件的润滑系统简图。

④主轴上的大斜齿轮是不是固定齿轮？其螺旋角是什么旋向？

(8)其他注意事项

①实验中必须在断电的前提下才能打开机床主轴箱盖。

②机床的通电操作必须征得指导老师的同意。

4.3.3　电火花加工特点及影响因素实验

(1)实验目的

①了解电火花加工机床的结构。

②理解电火花加工的原理及工艺特点。

③了解电极材料、电规准等因素对加工速度、加工精度、表面质量的影响。

(2)实验内容

利用电火花机床,用铜电极分别采用不同电规准加工,并比较其加工速度、电极损耗与表面质量。

(3)实验设施

①精密电火花穿孔成形机床。

②铜电极和相关工具。

(4)实验步骤

1)操作流程

操作流程,如图 4.30 所示。

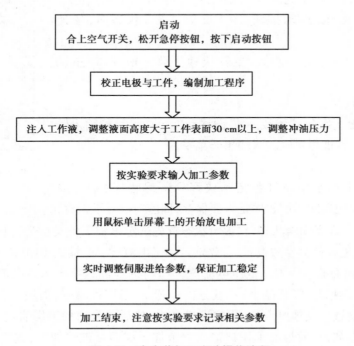

图 4.30　电火花加工实验操作流程

103

2）电源箱面板说明

电源箱面板说明,如图 4.31 所示。

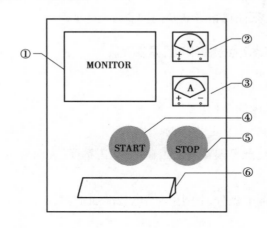

图 4.31　电火花成形加工机床电源箱面板示意图

①CRT 显示器:显示加工状态信息,加工参数等。②电压表:加工间隙电压指示。

③电流表:加工间隙电流指示。④启动按钮:开启电源供电回路。

⑤停机按钮:停止电源供电。⑥计算机键盘:设置全部加工参数。

3）人工操作按钮盒及机床限位说明

人工操作按钮盒,如图 4.32 所示。

①主轴上升按钮:按下此按钮,主轴上升。松开时,主轴停止。

②主轴慢下按钮:点动按钮(在"反向加工"状态时,慢速向上)。

③主轴快下按钮:按下按钮,主轴快速下降。松开时,主轴停止。

4）加工电参数的输入

在主菜单画面上用"→"键或"←"键移动红色指示块到输入输出功能,按"Enter"键即可进入输入输出子菜单。

5）新编程序

在输入输出子菜单中将红色指示块移到新编程序栏上,按"Enter"键,此时系统提问当前程序是否要保存,回答"N"时不保存,

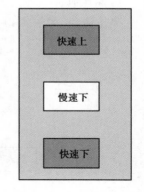

图 4.32　人工操作
按钮盒

"Y"保存,然后进入程序编辑状态,在编辑状态首先选定电极工件类型为铜打钢,也就是选定所用数据库,然后进入分页参数设置,首先选定加工电流,例如,输入 10/0 表示选定 10A,0 挡规准加工,"/"符前面的数字表示低压电流值,"/"符后面的数字表示该电流的分挡号,一般分挡号越大,稳定性越差,损耗越小;一般分挡号越小,稳定性越好,损耗越大。默认是/6,选好电流后系统自动选定其他电参数,用户不必考虑,然后输入该加工层需达到的加工深度及其他所需设定的参数,一般情况下用户输入一个加工层即可进行加工,按"Esc"键退回主菜单;也可根据具体情况将加工分成若干页进行,此时可按"PageDown"键进入下一层参数设定,最多可分20层,系统将自动根据各页的加工深度变化电参数进行加工直至最后一页,全

部操作在 CRT 右边有中文提示,按提示操作即可,以此类推,当各页全部输入完毕后按"Esc"键,此时退回至输入输出子菜单。

注意:在多页编程时,如果按"PageUp"键则下一页内容被清除。

6)修改程序

在输入输出子菜单中选择修改程序功能,按"Enter"键即进入修改状态,在修改状态首先选定电极工件对,也就是选定所用数据库,然后进入分页参数修改,此时可用方向键移动光标到所需修改处进行修改,用"PageDown"键和"PageUp"键改变编辑加工层,其他操作同①中所述,最后按"Esc"键退回到输入输出子菜单。

7)程序保存

在输入输出子菜单中选择文件存盘功能,按"Enter"键,此时操作者输入文件名(不超过 8 个字符),按"Enter"键,这时当前输入的加工程序已存入磁盘,可供今后需要时调用。

8)基准位置设定

①主轴加工深度零位设定。

A.Z 轴自动定零位。在主菜单中选择辅助功能挡,按"Enter"键进入辅助功能子菜单,此时装好工件和电极,保持工件和电极面清洁,再选主轴定零位功能,主轴自动下降,直至工件与电极接触后自动停止,蜂鸣器发出报警声,延时 3 s 后退回主菜单,主轴零位设定完毕。

注意:此方法定好零位后,Z 轴自动回升一点,不可再人工清零。

B.人工定零位。将显示画面回到主画面,按下手动操作盒的慢下按钮,电极和工件接触后,蜂鸣器发出报警声,按"F8"键将 Z 轴清零。为了正确,可反复多次。

②电极找中心,找边线。在主菜单状态下,人工手摇工作台使喇叭发出报警信号,在各个方向反复接触几次之后,CRT 上就显示出中心位置及边界值,再人工摇动工作台使当前坐标值与中心坐标相同或边界值相同时,找中心,找边线完成。

③主轴回机零。在主菜单中选择辅助功能挡,按"Enter"键进入辅助功能子菜单,再选主轴回机零功能,在该状态下,按"Enter"键开始主轴回机零,结束显示"主轴回机零结束"。

9)加工

在主菜单上将红色指示块移到开始加工栏上,按"Enter"键后进入加工状态页面,在该页面中,CRT 上方为各状态指示,下方为操作键指示,中间为电参数及位置参数,进入该页面时,系统处于暂停状态,操作者确认可以进行加工后,按加工继续键即开始加工,在加工过程中将红色指示块移到需修改的栏上,按"+"键或"−"键以及"F9"键或"F10"键即可修改本参数,无论红色指示块在何处,按"Home"键或"End"键即可对伺服给定值进行调整,按"Insert"键或"Delete"键即可改变加工电流,这两项的快速修改为操作提供了很大的方便,如进行分层加工时,按"PageUp"键或"PageDown"键可改变显示及修改的层号,此时按"Enter"键可改变加工页。

（5）实验报告要求

记录每次放电加工的电参数、加工时间、加工前后零件的尺寸、零件加工后的表面粗糙度比较情况,得出电参数对加工质量的影响规律。

（6）其他注意事项

数控电火花操作安全注意事项:

①打开机床电源。注意:在机床自检过程直至完成时切勿触动任何按键,否则会损坏

机床。

②将液位杆提到高于工件上表面 30 cm 处。注意:若工作液面低于上述距离将有失火危险,切勿进行加工。

4.3.4 电火花线切割实验

(1)实验目的

①深化对数控电火花线切割编程方法及加工原理的了解。

②了解电火花线切割机床、微机控制器、高频电源的结构及操作方法。

③增加对电火花线切割加工工艺参数选择的认识。

(2)实验内容

①按给定的图形,在计算机上进行图形编程,后置生成加工程序。

②在数控电火花线切割机床上按给定的图形加工出合格的工件。

③观察电源脉冲参数及进给量改变对脉冲放电波形的影响。

④测算加工生产率和单边放电间隙,观察加工后的表面粗糙度。

(3)实验设施

①数控电火花线切割机床。

②游标卡尺。

③薄钢片工件。

(4)实验步骤

①按指定的工件图形在计算机上绘制加工图形,并后置生成加工程序,要求按学号后 3 位保存文件。

②熟悉机床设备,安装好工件,作好加工前的机、电准备工作。

③固定好工件,仔细检查是否会发生干涉,确保机床加工过程中的安全。

④打开机床总电源,等待机床控制系统自检完成。

⑤通过操纵器降低 Z 轴,小心观察,使得上喷嘴与工件表面距离为 1~3 mm。

⑥选择加工规准调整为 10 挡,记录下当前的规准参数值:空载电压 $U = 100 \sim 120$ V,脉冲宽度 $i_t = 10 \sim 30$ μs,脉冲间隔 $t_e = 4 \sim 8$ μs。

⑦在控制界面上调节变频旋钮,按要求选择进给速度开始加工,观察电压、电流表指针摆动的情况,然后调节进给速度,保证加工处于稳定的最佳状态(即加工时,电流指针的摆动很小)。

⑧测算切割速度:$V_w = $ 切割工件厚度×切割行程距离/切割时间。

⑨测算单边放电间隙 $\delta = ($ 切缝宽度-铜丝直径$)/2$。

⑩观察表面粗糙度。利用粗糙度比较样块,评判加工粗糙度。

(5)其他注意事项

注意危险:加工过程中切勿用手触摸电极丝!

第 **5** 章
零件测量基础

测量是检查、判定机械产品的几何精度是否达到设计和使用要求的最有效手段。测量技术是专门研究零件几何量的测量和检验的技术。规范、熟练地掌握测量技术,对产品进行正确的测量,是机械类专业人才必备的能力。

5.1 测量的认识

5.1.1 测量及测量对象

测量是为了确定被测量的量值而进行的实验过程。

测量对象主要指机械零件的几何量,即长度、角度、表面粗糙度和形位误差等。

5.1.2 测量误差及数据处理

测量误差是测量结果与被测量的真值之差。

误差来源主要由测量器具、测量方法、测量环境和测量人员等方面的因素产生。

误差分类可分为系统误差、随机误差和粗大误差。

测量数据处理在修正了已定系统误差和剔除了粗大误差以后,测得值中仍含有随机误差和部分系统误差,还需估算其测量误差的大小,评定测得值的不确定度,知道测得值及该测得值的变化范围(可信程度),才能获得完整的测量结果。

5.1.3 测量方法的分类

测量方法指测量时所采用的测量原理、计量器具和测量条件的综合,亦即获得测量结果的方式,见表5.1。测量方法可以按照不同的形式进行分类。

表 5.1　测量方法的分类

序号	分类方法	测量方法
1	按是否直接测量被测参数	直接测量和间接测量
2	按量具、量仪的读数值是否直接表示被测尺寸的数值	绝对测量和相对测量
3	按被测表面与量具、量仪的测量头是否接触	接触测量和非接触测量
4	按一次测量参数的多少	单项测量和综合测量
5	按被测零件在测量过程中所处的状态	主动测量和被动测量
6	按测量在加工过程中所起的作用	静态测量和动态测量

（1）直接测量与间接测量

直接测量是从测量器具的读数装置上直接得到被测量的数值或对标准值的偏差，如用游标卡尺、比较仪测量工件直径。

间接测量是通过测量与被测量有一定函数关系的量，再由已知的函数关系式求得被测量，如通过测量圆周长而得到较大圆的直径。

直接测量比较直观，间接测量比较烦琐。一般当被测尺寸用直接测量达不到精度要求时，就不得不采用间接测量。

（2）绝对测量和相对测量

绝对测量是从测量器具的读数装置上直接得到被测量的数值，如用游标尺、千分尺测量工件的直径。

相对测量是从测量器具的读数装置上只是得到被测参数对标准量（如量块）的偏差，如用量块调整光学计测量直径。一般来说，相对测量的精度较高，但测量较麻烦。

（3）接触测量和非接触测量

接触测量是测量头与工件被测表面直接接触，并有机械作用的测量力存在，如用千分尺测量零件。

非接触测量是测量头与被测工件不直接接触，没有机械作用的测量力。非接触测量可避免测量力对测量结果的影响，如利用投影法、光波干涉法进行测量。

（4）单项测量和综合测量

单项测量是单一的测量工件的单项参数，如用齿厚卡尺测量齿轮的分度圆齿厚。

综合测量是同时测量工件上的几个有关参数的综合效应或综合参数，如用双面啮合检查仪测量齿轮的径向综合误差。

单项测量能分别确定每一参数的误差，一般用于工艺分析、工序检验及被指定参数的测量。综合测量一般效率比较高，对保证零件的互换性更为可靠，常用于完工零件的终检，特别用于成批或大批量生产中。

（5）主动测量和被动测量

主动测量是工件在加工过程中进行的测量,其结果直接用来控制零件的加工过程,能及时防止废品的产生。

被动测量是工件在加工过程后进行的测量。此种测量只能判别已加工工件是否合格,仅限于发现并剔除废品。

（6）静态测量和动态测量

静态测量是测量时被测工件表面与测量头相对静止,如用千分尺测量直径。

动态测量是测量时被测工件表面与测量头处于相对运动状态,如用触针式电动轮廓仪测量表面粗糙度。

动态测量方法能反映出零件接近使用状态下的情况,是测量技术的发展方向。

5.2　测量器具

5.2.1　测量器具的分类

测量器具是指专门用于测量的量具、量仪和工具等,按其测量原理、结构特点及用途,可分为以下 4 类：

（1）标准量具

标准量具只有某一个固定尺寸,通常是用来校对和调整其他测量器具或作为标准用来与被测工件进行比较,如量块、直角尺、各种曲线样板及标准量规等。

（2）极限量规

极限量规是一种没有刻度的专用检验工具,用这种工具不能得出被检验工件的具体尺寸,但能确定被检验工件是否合格,如塞规。

（3）检验夹具

检验夹具也是一种专用的检验工具,当配合各种比较仪时,能用来检查更多和更复杂的参数。

（4）通用测量器具

通用测量器具能将被测的量值转换成可直接观察的指示值或等效信息的测量器具。按其构造上的特点又可分为以下几种：

①游标式量仪（游标卡尺、游标高度尺及游标量角器等）。

②微动螺旋副式量仪（外径千分尺、内径千分尺等）。

③机械式量仪（百分表、千分表、杠杆比较仪、扭簧比较仪等）。

④光学机械式量仪（光学计、测分仪、投影仪、干涉仪等）。

⑤气动式量仪（压力式、流量计式等）。

⑥电动式量仪（电接触式、电感式、电容式等）。

⑦光电式量仪（光电显微镜、光栅测长机、激光干涉仪）。

5.2.2　量块

量块又称块规,是一种实物计量标准,也是一种精度很高的定值量具(即1块块规只表示一个尺寸)。如图5.1所示,量块是一种多块组成的盒装套件量具,有91块组、83块组、46块组、38块组、12块组等多种套别。

量块的作用是作为长度基准的传递媒介。其主要作用还包括:

①检定和校准测量工具和量仪。

②相对测量时用来调整量具或量仪的零位。

③用于精密测量、精密画线和精密机床的调整。

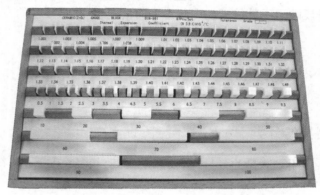

图5.1　成套量块实物图

量块的测量面平整光洁,具有研合性,可单块使用也可根据需要多块研合(依靠油膜的分子吸附力)使用。通常,组成所需尺寸的量块总数不应超过4块。例如,为了组成89.765 mm的尺寸,可由成套的量块中选出1.005、1.26、7.5、80 mm 4块组成,即

$$
\begin{array}{r}
89.765 \quad\cdots\cdots\cdots\text{所需尺寸} \\
-)\quad 1.005 \quad\cdots\cdots\cdots\text{第一块} \\
\hline
88.76 \\
-)\quad 1.26 \quad\cdots\cdots\cdots\text{第二块} \\
\hline
87.5 \\
-)\quad 7.5 \quad\cdots\cdots\cdots\text{第三块} \\
\hline
80 \quad\cdots\cdots\cdots\text{第四块}
\end{array}
$$

5.2.3　测量器具的主要度量指标

度量指标是表征测量器具性能和功能的指标,是选择和使用测量器具的主要依据。如图5.2所示标示了测量器具的4个常用度量指标。

刻线间距:指测量器具标尺或刻度盘上相邻两条刻线间的距离。刻线间距一般为0.75～2.5 mm。

分度值:两相邻刻线所代表的量值之差称为仪器的分度值。它是一台仪器所能读出的最小单位量值。分度值越小,测量器具的精度越高。一般长度仪器的分度值有0.1、0.01、0.001、0.000 5 mm。有些计量器具(如数字式量仪)没有刻度尺,就不称分度值而称分辨率。分辨率是指量仪显示的最末一位数所代表的量值,如万能测长仪(JD25型)的分辨率是0.2 μm。

示值范围:测量器具所显示或指示的最低值到最高值的范围。

测量范围:测量器具所能测量的被测量值的下限值至上限值的范围。

测量范围与示值范围的区别在于:测量范围既包括示值范围又包括仪器某些部件的调整范围。如外径千分尺的测量范围有 0～25 mm、25～50 mm、50～75 mm 等,其示值范围则均为 25 mm。示值范围与标尺有关,测量范围取决于结构。

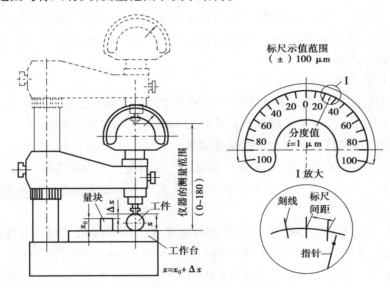

图 5.2　测量器具主要度量指标示意图

5.2.4　测量器具的选择

(1)计量器具选择的原则

机械制造中测量器具的选择主要决定于测量器具的技术指标和经济指标。在综合考虑这些指标时,主要有以下两点要求:

①按被测工件的部位、外形及尺寸来选择测量器具,使所选测量器具的测量范围能满足工件的要求。

②按被测工件的公差来选择测量器具。

通常测量器具的选择可根据标准,如《产品几何技术规范(GPS)　光滑工件尺寸的检验》(GB/T 3177—2009)进行。对于没有标准的其他工件检测用的计量器具,应使所选用的计量器具的极限误差占工件公差的 1/10～1/3。其中对低精度的工件采用 1/10;对高精度的工件采用 1/3 甚至 1/2。

(2)光滑工件尺寸的检验

国标 GB/T 3177—2009 用普通测量器具进行光滑工件尺寸的检验,适用于车间的测量器具(如游标卡尺、千分尺和比较仪等)。它主要包括两个方面的内容:

1)根据工件的基本尺寸和公差等级确定工件的验收极限

标准中规定了两种验收极限:

①内缩方式:该方式规定了验收极限分别从工件的最大实体尺寸和最小实体尺寸向公差带内缩一个安全裕度 A。该验收方式适用于单一要素包容原则和公差等级较高(6~18级)的场合。

②不内缩方式:该方式规定了验收极限等于工件的最大实体尺寸和最小实体尺寸,即安全裕度 $A=0$。这种验收方式常用于非配合和一般公差的尺寸。

安全裕度 A 是为了避免在测量工件时,由于测量误差的存在,而将尺寸已超出公差带的零件误判为合格(误收)而设置的。当采用内缩方式验收时,安全裕度 A 一般根据工件的基本尺寸和公差等级查表可得。

2)根据工件公差等级选择测量器具

选择测量器具时,先按照 GB/T 3177—2009 中的规定,查找出零件公差相对应的测量器具的不确定度值 u_1,应保证所选择的测量器具的不确定度不大于允许值 u_1。

(3)测量器具的选择和验收极限的确定实例

例:工件的尺寸为 ϕ250h11,并采用包容要求。说明测量器具的选择:

①首先根据工件基本尺寸及公差等级查"安全裕度(A)与测量器具的测量不确定度允许值(u_1)"表得:

$A=29$ μm,$u_1=26$ μm。由于工件采用包容要求,故应按内缩方式确定验收极限,则

上验收极限 = 最大实体尺寸 − A = 250 mm − 0.029 mm = 249.971 mm

下验收极限 = 最小实体尺寸 + A = 250 mm − 0.29 mm + 0.029 mm = 249.739 mm

②由"千分尺和游标卡尺的不确定度"表知,分度值为 0.02 mm 的游标卡尺可以满足要求。因其不确定度为 0.02 mm,小于 $u_1=0.026$ mm。

5.3　常用量具概述

5.3.1　游标类量具

游标类量具是基于游标读数原理的一类量具的统称。常用的游标类量具有:游标卡尺、游标深度尺、游标高度尺、齿厚游标卡尺等。下面以游标卡尺为例进行介绍。

(1)游标卡尺的结构

游标卡尺是一种长度量具,具有结构简单、使用方便、精度中等、测量尺寸范围大的特点。可直接测量工件外部尺寸、内部尺寸和深度尺寸,在工厂的应用范围很广。

如图 5.3 所示,游标卡尺主要由尺身、主尺、游标尺、外测量爪、内测量爪(刀口形、圆柱形)、紧固螺钉、深度尺等组成。主尺上有毫米刻度,游标尺上的分度值(刻在游标上)有0.1、0.05、0.02 mm 3 种。

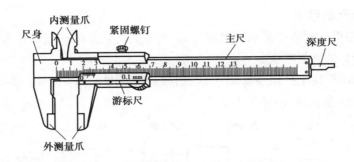

图 5.3　游标卡尺的结构示意图

（2）游标读数原理与方法

游标读数原理：利用主尺刻线间距与游标刻线间距的间距差实现。

若主尺刻度间距为 1 mm，游标刻度间距为 0.9 mm，当游标尺零刻线与主尺零刻线对准时，除游标的最后一根刻线（第 10 根刻线）与主尺上第 9 根刻线重合外，其余刻线均不重合。若将游标向右移动 0.1 mm，则游标的第一根刻线与主尺的第一根刻线重合；游标向右移动 0.2 mm 时，则游标的第二根刻线与主尺的第二根刻线重合。以此类推。这就是说，游标在 1 mm 内（1 个主尺刻度间距），向右移动距离可由游标刻线与主尺刻线重合时游标刻线的序号来决定。

读数方法：读数的整数部分由主尺的刻度给出，其分度值为 1 mm；读数的小数部分由游标的刻度给出（即看第 n 条游标刻线与主尺刻线重合）。图 5.4 为游标卡尺读数示意图，图示读数为 22.52 mm。

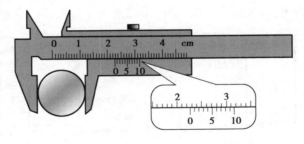

图 5.4　游标卡尺读数示意图

（3）游标卡尺使用注意事项

①使用前，应将测量面擦净，检查两测量爪间不能存在显著的间隙，并校对零位。

②测量时，量爪的位置要正确。

③读数时，其视线要与标尺刻线方向一致，以免造成视差。

5.3.2　千分尺类量具

千分尺类量具是基于螺旋副传动原理而设计的一类量具。常用的千分尺类量具有外径千分尺、内径千分尺、深度千分尺、公法线千分尺等。下面以外径千分尺为例进行介绍。

(1)外径千分尺的结构

外径千分尺是机械制造中常用的精密量具,其主要优点是结构设计符合阿贝原则并有测力装置,可获得较高的测量精度。

如图5.5所示,外径千分尺主要由尺架、测砧、测微螺杆、固定套筒、微分筒、测量力装置(棘轮棘爪机构)、锁紧机构、隔热装置等组成。

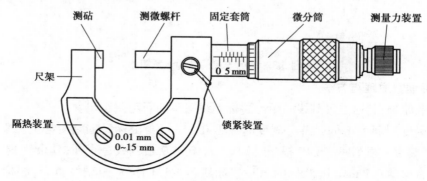

图5.5 千分尺结构示意图

(2)外径千分尺的读数原理及方法

读数原理:通过螺旋传动,将微小直线位移转变为便于目视的角位移,从而实现对螺距的放大细分。微分筒转一周(50个刻度),恰好在固定套筒上移动一个螺距($P = 0.5$ mm),当转筒转一格时,螺杆的轴向位移为 $0.5/50 = 0.01$ mm,也即是微分筒的分度值为0.01 mm。

读数方法:读数的整数部分由固定套筒上的刻度给出,其分度值为1 mm;读数的小数部分由微分筒上的刻度给出,分度值为0.01 mm。图5.6为千分尺读数示意图。

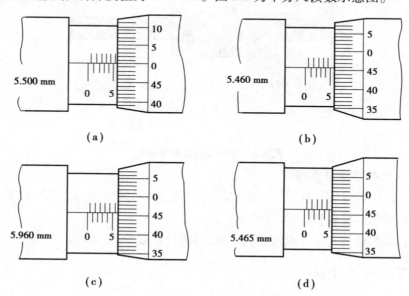

图5.6 千分尺读数示意图

(3)外径千分尺的使用注意事项

①使用前,应擦净两测量面校对零位。测量范围大于 25 mm 的千分尺,须使用校对量棒或量块对零位。

②测量时,一般用手握隔热装置,以消除温度对测量精度的影响。

③测量中,当两测量面将与工件接触时,须使用棘轮测力装置。

④测量轴的中心线应与工件测量长度方向一致,不要歪斜。

游标类量具和千分尺类量具虽然结构简单,使用方便,但由于其示值范围较大及机械加工精度的限制,故其测量准确度不易提高。

5.3.3 指针式量具

指针式量具是基于齿轮齿条或杠杆齿轮传动原理而设计的一类量具,常用的指针式量具主要有百(千)分表、杠杆百(千)分表、内径(千)百分表等。指针式量具主要用于工件尺寸和形位误差的测量,或用作某些测量装置的测量元件。下面以百分表为例进行介绍。

(1)百分表的结构

百分表是一种精度较高的比较量具,只能作相对测量。可单独使用,也可安装在其他仪器中作测微表头使用。其主要用途是测量形位误差(如圆度、平面度、垂直度、跳动等)或用比较法测量外尺寸。

如图 5.7 所示,百分表主要由表体部分、传动系统和读数装置 3 部分组成。

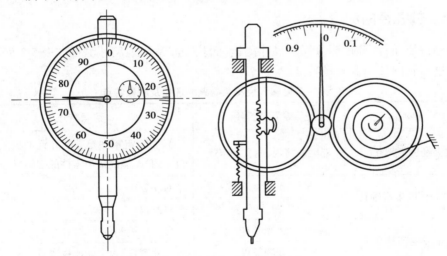

图 5.7 百分表结构示意图

(2)百分表的工作原理及读数方法

百分表的工作原理:将测杆的微小直线位移转经齿条、齿轮传动放大,转变为指针的角位移,进而指示出相应的被测量值。

读数方法:读数的整数部分由小指针给出,其分度值为 1 mm;读数的小数部分由大指针给出,分度值为 0.01 mm。图 5.8 为百分表读数示意图。

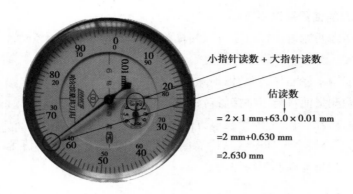

图 5.8　百分表读数示意图

（3）百分表的使用注意事项

①使用前,应检查测量杆的灵活性。

②使用中,百分表须固定在可靠的夹持架上(如固定在万能表架或磁性表座上)。

③校正或测量工件时,应使测量杆有一定的初始测量力(测杆压缩为 0.3~1 mm)。

5.4　机械零件典型几何量的测量

5.4.1　轴孔径的测量

就结构特征而言,轴径测量属外尺寸测量,而孔径测量属内尺寸测量。表 5.2 列出了常见轴孔径测量器具的选用及测量特点。

表 5.2　常见轴孔径测量器具的选用及测量特点

测量对象	测量器具选用	测量特点
大批量生产轴孔	外圆用塞规,内孔用卡规	只能确定零件是否在允许的极限尺寸范围内,不能测量出零件的实际尺寸
批、中等精度生产轴孔	千分尺、游标卡尺	绝对测量
	千分表、百分表	相对测量
高精度生产轴孔	立式光学计	外尺寸比较测量
	万能测长仪	外尺寸测量、内尺寸比较测量

5.4.2　形状和位置误差的测量

要使零件具有互换性,不仅是尺寸误差,同时其宏观几何形状和位置误差都要在一定的范围内变动。形状和位置误差简称形位误差。

（1）形位误差的常用测量方法

由于形位误差的项目很多,加上零件结构形式多种多样,所以测量形位误差的仪器较多,方法灵活。表 5.3 列出了形位公差的常用检测方法。

表 5.3　形位公差的常用检测方法

公差类别	公差项目	检测方法
形状公差	直线度	跨距法、打表法、光隙法、干涉法、光学准直法
	平面度	平晶干涉法、打表法、光束平面法、节距法
	圆度、圆柱度	圆度仪测量法、坐标测量法、两点和三点测量法
形状或位置公差	线轮廓度	轮廓样板法、连接百分表测量法
	面轮廓度	仿形装置测量、截面轮廓样板测量、光学跟踪轮廓测量仪测量、三坐标测量装置测量、连接百分表测量法
位置公差	平行度	打表法、水平仪法
	垂直度	打表法、光隙法、准直仪测量法、闭合法
	倾斜度	光学合像水平仪测量法、三坐标测量机测量法
	位置度	打表法、坐标法、综合量规检测
	同轴度	芯轴打表法、双向打表法、壁厚法
	对称度	差值法、旋转打表法、V 面打表法、量规法
跳动公差	圆跳动、全跳动	顶尖法、套筒法、V 形架法

（2）准直仪概述

准直仪是一种测量微小角度变化量的精密光学仪器,可以测量直线度、平面度、圆周分度和两平面间的平行度等。如图 5.9 所示是准直仪的结构图,主要由主体（一平行光管和一读数显微镜）和反射镜座两部分组成。其主要度量指标如下:

分度值:1 s。

示值范围:±500 s。

测量范围:5 m。

工作原理:用准直仪测量被测要素的直线度误差,是利用平行光线模拟理想要素（直线）,将被测要素与平行光线比较的结果。

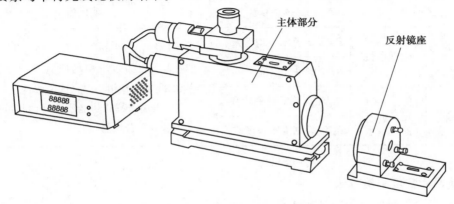

图 5.9　准直仪的结构图

（3）光学合像水平仪概述

光学合像水平仪主要应用于测量平面和圆柱面对水平的倾斜度，以及机床与光学机械仪器的导轨或机座等的平面度、直线度和设备安装位置的正确度等。图 5.10 为光学合像水平仪的结构图。其主要度量指标如下：

分度值：0.01 mm/m。

最大测量范围：±5 mm/m。

工作原理：合像水平仪是利用棱镜将水准器中的气泡像符号放大来提高读数的瞄准精度，利用杠杆、微动螺杆等传动机构进行读数。

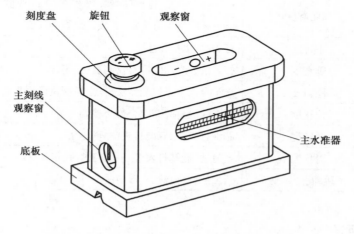

图 5.10　光学合像水平仪的结构图

5.4.3　表面粗糙度的测量

零件的互换性不但包括前面提到的尺寸、宏观形状、位置三类几何量，而且还包括微观形状，零件的微观形状也就是常说的表面粗糙度。

（1）表面粗糙度的评定参数

表面粗糙度的评定参数较多，表 5.4 列出了表面粗糙度的主要评定参数及选用原则。

表 5.4　表面粗糙度的主要评定参数及选用原则

参数类别		评定参数	选用原则
主要评定参数	幅度参数	Ra 轮廓算术平均偏差	1.优先选用 Ra 2.当表面过于粗糙或太光滑、材料较软、测量面积很小时宜选用 Rz 3.表面有特殊功能要求，可同时选用几个参数综合控制
		Rz 轮廓最大高度	
附加参数	间距参数	R_{Sm} 轮廓单元的平均宽度	
	曲线参数	$R_{\mathrm{mr(c)}}$ 轮廓支承长度率	

（2）表面粗糙度测量方法

常用的表面粗糙度测量方法有 4 种：

1）比较法

比较法是车间常用的方法。将被测表面对照粗糙度样板,用肉眼判断或借助于放大镜、比较显微镜;也可用手摸,指甲划动的感觉来判断被加工表面的粗糙度。其一般只用于粗糙度参数值较大的近似评定。

2）光切法

光切法是利用"光切原理"来测量表面粗糙度,如用双管显微镜。

3）干涉法

干涉法是利用光波干涉原理来测量表面粗糙度,如用干涉显微镜测量表面粗糙度。干涉法通常用于测定 $0.8 \sim 0.025$ μm 的 Rz 值。

4）针描法

针描法是利用触针直接在被测表面上轻轻划过,从而测出表面粗糙度。

5.4.4　角度和锥度的测量

角度测量:常用万能角度尺进行直接测量,也可用正弦尺进行间接测量。

万能角度尺:又称为角度规、游标角度尺和万能量角器,是利用游标读数原理来直接测量工件角或进行划线的一种角度量具,其读数原理为游标读数原理。适用于机械加工中的内外角度测量。

图 5.11 为万能角度尺的结构图,主要包括主尺、90°角尺、游标、制动头、基尺、直尺、卡块。其主要度量指标如下:

测量范围:0~320°,测量外角:0~180°,测量内角:40°~180°,分度值:2′。

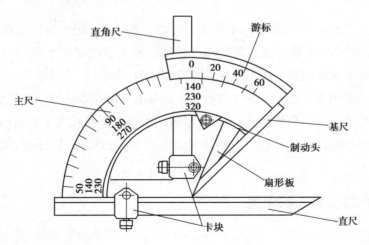

图 5.11　万能角度尺的结构图

万能角度尺利用基尺、角尺、直尺的不同组合,可进行 0~320° 范围内角度的测量。图 5.12 为不同角度范围的万能角度尺测量示意图。

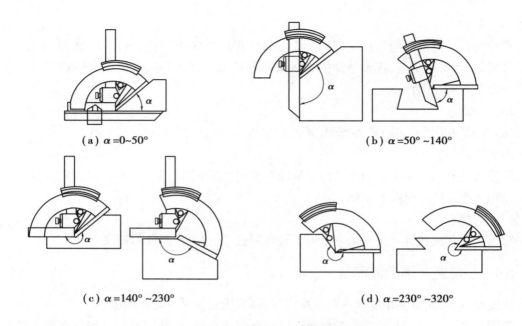

(a) α=0~50° (b) α=50°~140°

(c) α=140°~230° (d) α=230°~320°

图 5.12 万能角度尺的测量示意图

5.4.5 螺纹参数的测量

螺纹的几何参数主要有大径、小径、中径、螺距和牙型半角,其中中径误差、螺距误差和牙型半角误差是主要检测参数。普通螺纹是多参数要素,其检测方法可分为综合测量与单项测量两类。

综合测量一次能同时控制螺纹几个要素尺寸的合格与否,而不能测出螺纹各参数的具体数值,用螺纹量规检验普通螺纹就属于综合量法。大批量的螺纹生产中均采用此方法。

单项测量能测出螺纹的某一基本几何参数的实际值,在单件、小批量生产中,特别是精密螺纹生产中一般都采用单项测量。螺纹参数单项测量的常用仪器是万能工具显微镜。

万能工具显微镜适合用影像法、轴切法或接触法按直角坐标或极坐标对机械工具和零件的长度、角度和形状进行精密测量,主要测量对象有刀具、量具、模具、样板、螺纹和齿轮类工件等。

5.4.6 直齿圆柱齿轮的测量

为满足齿轮传动的使用要求,齿轮公差标准中规定了 12 个精度等级,并将每个精度等级的各项公差分成 3 个公差组(第Ⅰ、Ⅱ、Ⅲ组)及齿侧间隙。还把各公差组项目分成检验组。表 5.5 列出了齿轮公差组和相应的检验组。

表 5.5 齿轮公差组和相应的检验组

公差组	公差的检验组	对性能的影响
I	①$\Delta F_i'$ 切向综合误差 ②ΔF_p(ΔF_{pk})齿距累积误差(必要时可检查 k 个齿距累积误差) ③$\Delta F_i''$ 与 ΔF_w 径向综合误差与公法线长度变动 ④ΔF_r 与 ΔF_w 齿圈径向跳动与公法线长度变动 ⑤ΔF_r 齿圈径向跳动(用于 10 ~ 12 级精度)	传递运动的准确性
II	①$\Delta f_i'$(Δf_{pb})一齿切向综合误差(需要时可增加检查基节偏差) ②Δf_f 与 Δf_{pb} 齿形误差与基节偏差 ③Δf_f 与 Δf_{pt} 齿形误差与齿距偏差 ④$\Delta f_{f\beta}$ 螺旋线波度误差(用于轴向重合度 $\varepsilon_\beta > 1.25$,6级及以上精度的斜齿轮或人字齿轮) ⑤$\Delta f_i''$ 一齿径向综合误差(需保证齿形精度) ⑥Δf_{pt} 与 Δf_{pb} 齿距偏差与基节偏差(用于 9 ~ 12 级精度) ⑦Δf_{pt} 或 Δf_{pb} 齿距偏差与基节偏差(用于 10 ~ 12 级精度)	传动的平稳性
III	①ΔF_β 齿向误差 ②ΔF_b 接触线误差(仅用于 $\varepsilon_\beta \le 1.25$,齿向线不作修正的斜齿轮) ③$\Delta F_{px}$ 和 Δf_f 轴向齿距偏差和齿形误差(仅用于 $\varepsilon_\beta > 1.25$,齿向线不作修正的斜齿轮) ④ΔF_{px} 和 ΔF_b(仅用于轴向重合度 1.25,齿向线不作修正的斜齿轮)	载荷分布的均匀性

选择检验组时,对每个齿轮都必须选择 4 个检验组,即在第 I、II、III 公差组中各选一个检验组,还要选第四个检验组来检查齿侧间隙。为了实现齿轮精度检测的经济性,应综合考虑齿轮精度等级、尺寸大小、生产批量和检测设备等,表 5.6 列出了各部门常用圆柱齿轮检验组,可供选择时参考。

表 5.6 各部门常用圆柱齿轮检验组组合

检验组合	公差组			适用等级	应用场合
	I	II	III		
1	$\Delta F_i'$ (ΔF_p)	$\Delta f_i'$ (Δf_f 与 Δf_{pb})	ΔF_β	3 ~ 5	测量、分度齿轮
2	$\Delta F_i'$ (ΔF_p)	$\Delta f_{f\beta}$ ($\Delta f_i'$)	ΔF_{px} 和 Δf_f (ΔF_{px} 和 ΔF_b)	3 ~ 6	汽轮机齿轮

续表

检验组合	公差组			适用等级	应用场合
	I	II	III		
3	ΔF_{p} $(\Delta F_{i}')$	Δf_{f} 与 Δf_{pb} $(\Delta f_{f}$ 与 $\Delta f_{pt})$	接触斑点 (ΔF_{β})	4~6	航空、汽车、机床、牵引齿轮
4	ΔF_{r} 与 ΔF_{w} $(\Delta F_{i}''$ 与 $\Delta F_{w})$	Δf_{f} 与 Δf_{pb} $(\Delta f_{i}'')$	接触斑点 (ΔF_{β})	6~8	
5	ΔF_{r} 与 ΔF_{w} $(\Delta F_{i}''$ 与 $\Delta F_{w})$	Δf_{f} 与 Δf_{pt} $(\Delta f_{i}'')$	接触斑点 (ΔF_{β})	6~9	拖拉机、起重机、一般齿轮
6	$\Delta F_{r}(\Delta F_{p})$	Δf_{pt}	接触斑点	9~11	

5.5　连杆的测量

5.5.1　连杆测量概述

连杆是汽车与船舶等发动机中的重要零件,它连接着活塞和曲轴,其作用是将活塞的往复运动转变为曲轴的旋转运动,并把作用在活塞上的力传给曲轴以输出功率。由于连杆处于一个高速、高压和高温的恶劣工作环境,又要考虑发动机的运行平稳及耐用,因此要求连杆必须要有足够的精度和强度,所以对连杆尺寸的控制显得尤为重要。

(1)连杆加工工艺

如图 5.13 所示是某型号柴油机连杆部件图,其加工工艺主要是以下五道工序:

①粗磨两端面。

②粗镗曲轴孔,钻螺纹底孔通孔,精镗活塞销孔。

③涨断,压衬套。

④精磨两端面。

⑤铣轴瓦止口槽并铣削孔两斜面,精镗曲轴孔及活塞销孔。

(2)连杆检测分析

连杆检测主要包括加工过程中五道工序间的检测和加工完成后的终结检测。

1)工序检测主要参数

连杆在线加工的关键特性尺寸主要有大小头孔端面平面度,孔径和位置度,端面厚度,端面对基准面平行度,螺栓孔端面的位置及垂直度。

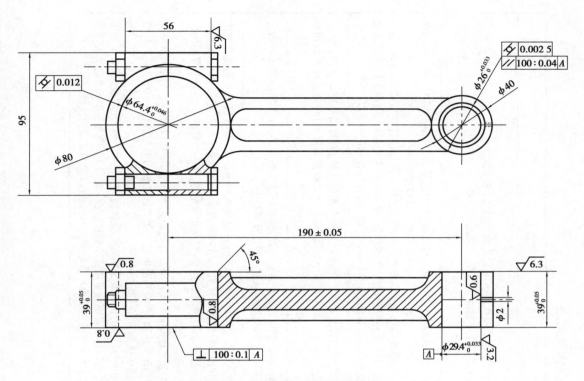

图 5.13　某型号柴油机连杆部件图

2）终结检测主要参数

终结检测要求对连杆的所有关键特性尺寸进行 100% 检测,检测的关键特性尺寸包括:

①大头孔直径、圆度、锥度。

②小头孔直径、圆度、锥度。

③大小头孔中心距、弯曲度、扭曲度。

④端面厚度。

⑤平行度。

⑥垂直度。

⑦质量(仅在线上检测)。

连杆的终结检测一般采用连杆综合量仪进行。

5.5.2　连杆加工工序检测

连杆各工序检测参数和检测方法,见表 5.7。

表 5.7　连杆各工序检测参数和检测方法

序号	工序内容	检测参数	主要量仪	检测方法
1	粗磨两端面	①大小孔端面平面度 ②端面平行度 ③端面厚度	座式检具	采用座式检具检测。手动推工件入测量位置,检具以基准面定位,检具以基准面定位,在工件两端各布置一测点;在基准面上移动工件检测平面度,距离平面度及平行度
2	粗镗曲轴孔钻孔螺纹底孔通孔精镗活塞销孔	①大小头孔直径 ②螺纹孔同轴度与位置度 ③两孔中心距	座式检具,通止塞规,螺纹量规,量规,带表塞规,同轴度量规	①中心距采用座式检具检测。手动放工件入测量位置,检具以小头孔内布置两个测点检测中心距;在小头孔菱形销定位,小头孔菱形销紧定位,上端压紧;在大头孔布置模板,用两个带表扫描规检测螺栓孔的位置度 ②螺纹孔位置度检具采用座形销定位,检具放工件入测量位置,手动压紧。手动压紧,大头孔内涨孔和螺纹底孔,小头孔涨孔和螺纹孔检测螺纹孔和螺纹底孔的位置;用一个带表扫描规检测螺栓孔的位置度
3	涨断安装螺栓压入衬套	①衬套沟槽角度 ②衬套压入深度	采用座式检具,角度样板,触摸深度规	衬套沟槽角度采用座式检具检测。手动放工件入测量位置,检具以基准面定位,小头孔插入定位销定位;在小头孔布置一个角度样板,比对检测角度 在小头孔布置一个角度样板,比对检测角度;衬套压入深度采用触摸深度规检测
4	精磨曲轴孔两端面	①两端面距离 ②两端面平行度	座式检具	采用座式检具检测。手动推工件入测量位置,检具以基准面定位,在工件两端面定位,检具以基准面定位,距离及平行度 一测点;在基准面上移动工件检测平面度,距离两平面及平行度
5	铣两斜面,铣轴曲止口槽,精镗曲轴孔及活塞销孔	①小头端厚度 ②小头端面位置度 ③小头角度轮廓度 ④键槽位置度 ⑤瓦槽深	位置度检具,综合检具,通止规	①键槽的位置度采用位置度检具检测。连杆基准面朝下放置,检具下面伸出压销机构压紧工件,在大头基准平面上端用一个座测量键槽两侧面的位置,用电子柱显示检测的位置度;将测量座移至另一位置测量另一个键槽的位置 ②瓦槽深采用综合检具检测。连杆竖直放置套到检具上,检具以大小头孔和基准面定位,在检具基准板另一侧用半圆弧座采用座式检具检测,用尺寸通止规检测直径圆弧的深度 ③角度轮廓采用座式检具检测。以大、小头孔定位,大头平面压紧;使用移动表座测量角度轮廓(定位面带12°角度),测量小头端面厚度;用一个测量表座检测小头端面的位置及一个差动读数值(测量正反两次读数值)

5.6 测量技术实验项目

5.6.1 立式光学计测量轴径

（1）实验学时

2 学时。

（2）实验类型

验证。

（3）实验要求

必修。

（4）实验目的

①了解投影立式光学计的工作原理和结构。

②熟悉测量技术中常用的度量指标和量块的实际运用。

③掌握光学比较仪的调整步骤和测量方法。

④对测量数据能进行处理，作出正确的判断结论。

（5）实验内容

在投影立式光学计上，以量块为基准，用比较测量法，测量轴径的实际偏差及合格性判断。

（6）实验原理、方法和手段

利用光学杠放大原理将读数精确到微米进行比较测量轴的直径，并按轴的极限尺寸判断其合格性。

（7）实验组织运行要求

以学生自主训练为主的开放模式组织教学。

（8）实验条件

JD3 型投影立式光学计、被测轴（ϕ19j6、ϕ24j6）、量块（4 等）。

投影立式光学计是一种精度较高而结构简单的常用光学量仪。它是利用量块与被测零件相比较的方法来测量零件外形的微差尺寸，主要用于测量圆柱形、球形等工件的直径或样板工件的厚度以及外螺纹的中径。图 5.14 为立式光学计结构示意图。

JD3 型投影立式光学计的主要技术指标：

分度值：0.001 mm

示值范围：±0.1 mm

测量范围：0～180 mm

仪器准确度：0.25 μm

示值不稳定性：0.1 μm

测量压力：200 g±20 g

零位调节范围：20 格

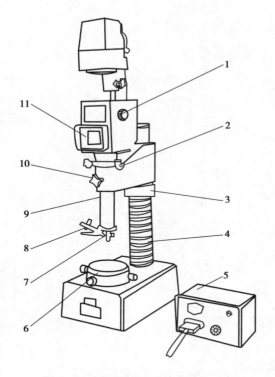 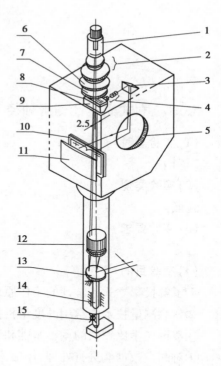

图 5.14 投影立式光学计结构示意图

1—零位微动旋钮;2—细调凸轮手轮;3—横臂升降螺母;

4—支柱;5—变压器;6—工作台;7—测帽;

8—测帽提升器;9—光管;

10—光管锁紧螺钉;11—读数视窗

图 5.15 投影立式光学计的
测量原理图

测量原理:光学计是利用光线反射现象产生放大作用(即光学杠杆放大原理)进行测量的仪器。光学杠杆变换是利用光路方向变化,将测杆的位移转换为标尺影像的位移。投影立式光学计的测量原理如图 5.15 所示。由白炽灯泡 1 发出的光线经聚光镜 2 和滤色片 6,再通过隔热玻璃 7 照明分划板 8 的刻线面,再通过反射棱镜 9 后射向准直物镜 12。由于分划板 8 的刻线面置于准直物镜 12 的聚焦平面上,所以成像光束通过准直物镜 12 后成为一束平行光入射到平面反光镜 13 上,根据自准直原理,分划板刻线的像被平面反光 13 射后,再经准直物镜 12 被反射棱镜 9 反射成像在投影物镜 4 的物平面上,然后通过投影物镜 4、直角棱镜 3 和反光镜 5 成像在投影屏 10 上,通过读数放大镜 11 观察投影屏 10 上的刻线像。

(9)实验步骤

1)选择并安装测帽(测量头)

在光学计的测杆上套上合适的测帽。测帽的工作面有球形、刀刃形和平面形 3 种,根据被测工件的形状进行选择,须使被测件与测帽的接触面最小,即近于点接触或线接触以减小其测量误差。测量平面或圆柱面零件时选用球形测头;测量小于 10 mm 的圆柱面用刀形测头;测量球面用平面测头,本实验被测件为圆柱面,应选球形测头(实验前测量头已由指导老师选择并安装调试好)。

2）组合量块

按被测轴径的基本尺寸组合量块，量块的研合方法为：将两块测量表面的一端叠合，然后用手指向下加以压力，并使它们沿其长边方向移动而重合。

3）仪器调零位

松开光管锁紧螺钉，转动细调手轮，使光管处于高低适中的位置后固紧螺钉。使量块组下测量面（工作面）置于工作台中心，并使其上测量面中点对准测头后，按粗调、细调、微调方法调整。

粗调整方法：旋松横臂紧固螺钉（要握住横臂，以防光管突然下坠），转动调节螺母使横臂缓慢下降，直到测头与量块上测量面轻微接触（注意，勿使量块在测头下挪动，以免划伤量块测量面），在读数放大镜内看到标尺像后，拧紧螺钉。

细调整方法：松开光管锁紧螺钉，徐徐转动细调凸轮手轮，使读数视窗内的零刻线与固定指标线接近重合，拧紧螺钉。

微调整方法：轻轻按动杠杆提升器，待测头起落几次，零刻线位置稳定后，转动零位调整装置，使直角棱镜摆动一微小角度，让零刻线与固定指标线重合，零位调整完毕。

4）检查示值稳定性

按动测头杠杆提升器 2~3 次，检查示值稳定性。要求零位不超过 1/10 格，如超出过多，应寻找原因，并重新调整零位（各紧固螺钉应拧紧，但不宜过紧，以免仪器部位变形）。

5）取下量尺

按下杠杆提升器，使测头抬起，将量块取下，放置在白软绸布上。

6）开始测量

双手握住被测工件，放在工作台上进行操作，并在测头下缓慢地来回移动（注意：要使工件圆柱面的素线始终与工作台平面接触，不许有任何倾斜），记下通过轴径的标尺读数最大值（即读数转折点，注意正负号），即为被测件相对量块尺寸的偏差值。

按测量部位图 5.16，在 3 个横截面处，相隔 90°的径向位置共测量 12 个点（每一横截面测量 4 点），把测得的数据填入实验记录中。

测量结束后，取下被测工件，放上量块组复查零位，其误差不得超过±0.5 μm，否则重新测量。

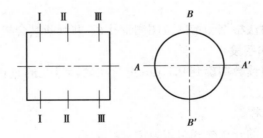

图 5.16　轴径测量部位图

（10）数据处理

1）实测直径计算

根据轴的实际偏差对应计算出轴的实测轴径，并填入实验报告中。

2）用作图法求出被测工件的素线直线度与素线平行度（4个测量方向各做一个图）

①建立直角坐标系，横坐标为轴线方向的3个点（Ⅰ、Ⅱ、Ⅲ），纵坐标为实测直径。

②用描点法描出同一测量方向的3个实测直径值，3点首尾连接成一个三角形。

③从中间点（第Ⅱ点）作 x 轴的垂线，与第三边相交，中间点与交点的纵坐标之差为素线直线度误差。

④最高点与最低点之差为素线平行度误差。

⑤同理，用作图法求出其余3个测量方向的素线直线度与素线平行度误差。

⑥分别取4个测量方向的素线直线度与素线平行度误差的最大值作为零件的素线直线度与素线平行度误差。

（11）合格性判断

按轴的极限尺寸、素线直线度与素线平行度公差作出合格性结论（即判断是否合格）。

（12）思考题

①用立式光学计测量轴径属于什么测量方法？绝对测量与相对测量各有何特点？

②仪器的测量范围和刻度尺的示值范围有何不同？

5.6.2　万能测长仪测量孔径实验

（1）实验学时

2学时。

（2）实验类型

验证。

（3）实验要求

必修。

（4）实验目的

①了解数据处理万能测长仪的结构、用途及测量原理。

②熟悉孔类工件的尺寸、形位误差的测量方法。

③掌握万能测长仪的调试和操作步骤，能独立完成测量孔径的全过程。

④能处理测量结果，作出正确的判断。

（5）实验内容

用万能测长仪按相对法根据测量部位图测量孔径，并判断其合格性。

（6）实验原理、方法和手段

利用阿贝比较原理将读数精确到 $0.1~\mu m$ 进行比较测量孔的直径，并按孔的极限尺寸和圆度公差判断其合格性。

（7）实验组织运行要求

以学生自主训练为主的开放模式组织教学。

（8）实验条件

JD25-C数据处理万能测长仪、被测孔（$\phi50H6$、$\phi55H6$）、环规（其尺寸直接读出）。

万能测长仪是一种用于绝对测量和相对测量的长度计量仪器。因其精确地应用了阿贝比较原理和采用了高精度的测量系统，有较高的测量精度。该仪器主要应用于机械制造业，工具、量具制造及精密仪器制造等各级计量鉴定部门和企业的计量室。数据处理万能测长仪是光、机、电、算一体化的长度计量仪器,其配备了一维数据处理系统(单坐标光栅信号转接器、计算机和数据处理软件),较传统的万能测长仪,测量的准确性与测量效率有很大的提高。

JD25-C 数据处理万能测长仪结构示意图,如图 5.17 所示。其主要技术指标如下:

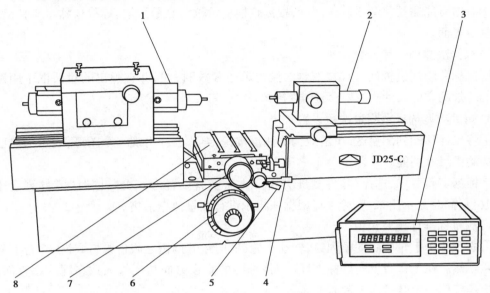

图 5.17 JD25-C 数据处理万能测长仪外形图

1—测量主轴;2—尾管;3—信号转接器;4—工作台摆动锁紧手柄;5—工作台摆动手柄;

6—工作台升降手轮;7—工作台横向移动手轮;8—工作台

测量范围(mm):

外尺寸:

  绝对测量   0~100

  相对测量   0~670

内尺寸:

  使用小测钩(最大伸入深度 12,最大臂厚 50)时,10~400

  使用大测钩(最大伸入深度 50,最大臂厚 85)时,30~370

用电测装置测量:

  用电测测钩: 1~60

  用万能测钩: 14~112

读数方式及显示当量: 数字显示,显示当量:0.000 1 mm

测量力(N):0、1.5、2.5

仪器准确度:外尺寸绝对测量时,仪器准确度优于   0.5 μm

      内尺寸绝对测量时,仪器准确度优于   1 μm

测量原理:在测量过程中,镶有一条光栅尺(精密刻度尺)的测量主轴随被测尺寸的大小在测量轴承座内作相对滑动,当测头接触被测部分后测量轴就停止滑动。其值可从显示器中

［或补偿式读数显微镜（平面螺旋线原理）］进行读数。

（9）实验步骤

1）开机及仪器过零位

①接通电源，分别打开信号转接器开关、计算机主机及显示器开关。

②双击万能测长仪测量软件图标，根据仪器提示拉动测量主轴，等待仪器过零位后，即可出现测量界面。

2）双钩法测内尺寸参数设置

将鼠标移动到设置区，单击"双钩法测内尺寸参数"按钮，并在弹出的对话框中用键盘输入标准环规的实际尺寸，并按下"确定"按钮。

3）测量功能选择及测量次数设置

①将鼠标移动到测量区，单击双钩法测量按钮，屏幕上会出现一个图形，表示当前已进入双钩法测内尺寸功能。

②根据实验要求，选择"零件测量次数"（本次实验设置为 6 次），同时"零件测量还剩采集点数"将同时显示出来，实验中可根据该提示进行测量数据采集。

4）测量标准环规对正值

①松开位于手轮中心的紧固钉，转动手轮（同时松开两侧之限位螺钉）使工作台下降到较低位置。然后在工作台上安好标准环（应使标线的直径方向与尾管大致在同一垂直面上，螺钉压板是旋后一个螺钉来夹紧）。

②上升工作台，使两侧钩伸入标准环内，再将手轮的紧固钉拧紧。

③双手扶稳测量主轴，并使测量轴上的侧钩内侧头缓慢地与标准环接触（注意：切勿使测头碰击标准环），并将拉索重垂线挂在内侧张力锁夹头上。

④找准标准环的直径位置：缓慢转手轮使工作台前后移动，同时观察显示屏上读数的变化情况，刚好至最大读数（转折点）时即行停止（图 5.18 中的最大值）。在此位置上，松开紧固螺钉扳动手柄摆动工作台刚好至最小读数（转折点）时即行停止（图 5.18 中的最小值）此处即为标准环正确的直径位置，在数据采集区按下鼠标左键采集数据。同时在采集点显示区同步地显示出所采集点的值。

5）被测件孔径测量

①用手扶稳测量轴，使测量轴右移一定距离后再将螺钉固紧（注意：切记不能动尾管，否则比较测量就无基准），稍下降工作台，松开压紧螺钉，取下标准环，换上被测件，按上面同样的测量方法测出被测孔径，并采集数据。

②按测量部位如图 5.19 所示，沿被测孔径的轴线方向测 3 个截面。每个截面要在相互垂直的两个部位上各测一次。同时"零件测量还剩采集点数"会随时提示还剩余多少点没有采集完。

③当双钩法测内尺寸设置的点数采集完毕后，采集过程中的采集点会逐步显示在长度值显示区，测量结果会自动显示在结果显示区。

6）数据记录

按实验报告要求记录各实验数据。

7)计算被测孔圆度误差

$$f_\circ = \left\{ f_{\mathrm{I}}, f_{\mathrm{II}}, f_{\mathrm{III}} \right\}_{\max}$$

其中,$f_{\mathrm{I}} = \dfrac{d_{\mathrm{I\,max}} - d_{\mathrm{I\,min}}}{2}$,$f_{\mathrm{II}} = \dfrac{d_{\mathrm{II\,max}} - d_{\mathrm{II\,min}}}{2}$,$f_{\mathrm{III}} = \dfrac{d_{\mathrm{III\,max}} - d_{\mathrm{III\,min}}}{2}$。

8)判断被测孔的合格性

按被测孔的极限尺寸及圆度公差,判断被测孔的合格性。

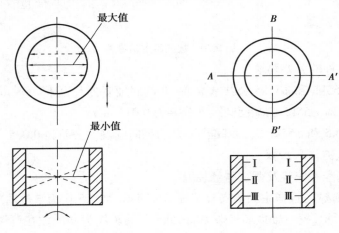

图 5.18　找正确孔径位置图　　　　图 5.19　测量部位图

(10)思考题

①什么是阿贝比较原理?

②万能测长仪的工作台共有几种运动? 其作用如何?

③什么叫圆度误差? 其误差值如何确定?

5.6.3　主轴的位置误差的测量实验

(1)实验目的

①了解有关位置公差的实际含义。

②学会用普通测量器具测量轴类零件的有关位置误差。

(2)实验内容

学会用普通测量器具测量轴类零件的有关位置误差。

(3)实验组织运行要求

以学生自主训练为主的开放模式组织教学。

(4)实验条件

测量器具:检验平板、固定和可调 V 形块、检验芯棒、莫氏锥度规、千分表及磁性表座、铣床主轴,如图 5.20 所示。

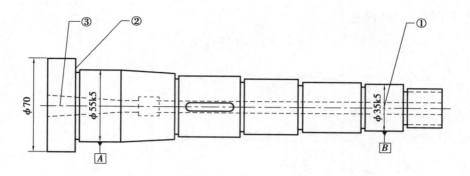

图 5.20　被测量主轴零件

被测量主轴零件的公差要求：

①φ35k5 对 φ55k5 和 φ35k5 公共基准 A—B 的同轴度公差为 φ0.008 mm。

②头部后端面对 φ55k5 的端面圆跳动公差为 0.015 mm。

③锥孔对 φ35k5 和 φ55k5 公共基准 A—B 的径向圆跳动公差为 0.005 mm。

（5）实验原理、方法和步骤

1）选择定位基准并安装及调试测量装置

①定位基准的选择：选择主轴的安装基准 φ35k5 和 φ55k5 作为定位基准。

②如图 5.21 所示，把主轴以 φ35k5 和 φ55k5 公共轴线为基准放在可调 V 形块和固定 V 形块上，在左端用一小钢球作为轴向支承，防止轴向窜动。将检验芯棒插入主轴锥孔中，并要求两配合锥面有 90%以上的接触。

③调节可调 V 形块高度使指示表在检验芯棒两端大致等高（10 μm 以内），从而使公共基准轴线大致与平板平行。

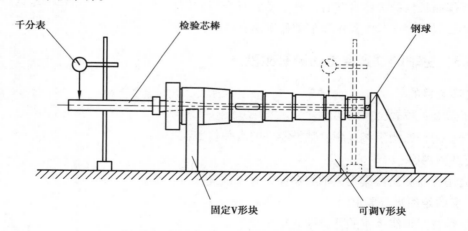

图 5.21　测量锥孔中心跳动及同轴度示意图

2）测量锥孔中心对 φ35k5 和 φ55k5 公共轴线的径向圆跳动

将千分表移到主轴头部，使千分表测头与芯棒的上母线接触，使表压缩 2 圈，用手慢慢旋转主轴一圈，千分表上的最大最小读数之差就是锥孔中心对 φ35k5 和 φ55k5 公共轴线的径向圆跳动。

3）测量 ϕ35k5 对 ϕ35k5 和 ϕ55k5 公共轴线的同轴度

取下芯棒后将千分表移至 ϕ35k5 处，使千分表与其母线最高点接触，使表压缩 2 圈，固定表座，用手慢慢旋转零件一圈并记下其径向跳动量，这样测量 3 个轴剖面，取最大的径向跳动量作为被测表面的同轴度误差。此法是用测量径向跳动的方法来测量同轴度，其要求是当基准面和被测面的几何形状误差较小时才行。

4）测量头部后端面对 ϕ55k5 轴线的端面圆跳动

如图 5.22 所示，将千分表移到主轴头部后端面使千分表测头与被测后端面接触，使表压缩 2 圈，用手慢慢旋转零件一圈，必须注意左端小钢球始终要与主轴接触，不得产生轴向窜动，千分表上的最大最小读数之差就是端面圆跳动。

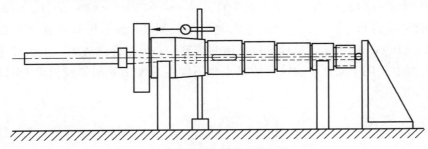

图 5.22　测量端面跳动示意图

(6) 思考题

①径向圆跳动误差与圆度误差和同轴度误差有何区别及联系？

②端面圆跳动误差与端面的平面度误差和端面对轴线的垂直度误差有何区别与联系？

5.6.4　齿轮误差测量——齿厚测量实验

(1) 实验学时

1 学时。

(2) 实验类型

验证。

(3) 实验要求

必修。

(4) 实验目的

①掌握用齿厚游标卡尺测量齿厚的原理及其方法。

②复习齿厚偏差 ΔE_s 对圆柱齿轮传动的意义，并练习查表。

(5) 实验内容

用齿厚游标卡尺测量分度圆齿厚并根据分度圆齿厚偏差合格条件判断其合格性。

(6) 实验原理、方法和手段

齿厚偏差 ΔE_s 是指在齿轮分度圆柱面上，齿厚实际值与公称值之差。对于斜齿轮是指法向齿厚。控制齿厚偏差 ΔE_s 是为了保证齿轮传动中所必需的齿侧间隙。将垂直游标尺定在分度圆弦齿高上，水平游标尺即可量出分度圆弦齿厚。

齿轮在分度圆处的弦齿高 h 与弦齿厚 S 的公称值按下式计算：

$$h = m \times \left[1 + \frac{z}{2} \left(1 - \cos \frac{90°}{z} \right) \right] + \frac{齿顶圆实际直径偏差}{2}$$

$$S = m \times z \times \sin \frac{90°}{z}$$

（7）实验组织运行要求

以学生自主训练为主的开放模式组织教学。

（8）实验条件

齿厚游标卡尺、普通游标卡尺、被测齿轮。

被测齿轮参数：$m = 3$，$z = 30$，$\alpha = 20°$，公差标注 9—8—8FJ，$E_{ss} = -80$ μm，$E_{si} = -200$ μm。

齿轮分度圆齿厚可用图 5.23 所示的齿厚游标卡尺测量。该卡尺分度值为 0.02 mm，能够测量模数为 1~26 mm 的齿轮。这种卡尺是由两个游标卡尺组合而成的。主卡尺用于测量分度圆弦齿厚，副卡尺用于保证主卡尺两测量点与齿廓在分度圆处相接触（即定出齿顶圆到被测分度圆之间的距离）。

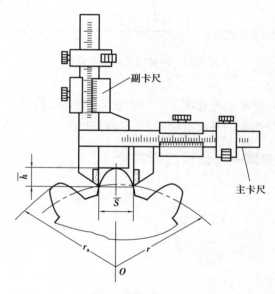

图 5.23　齿厚游标卡尺

（9）实验步骤

①用外径千分尺测出实际齿顶圆直径（要求齿数为偶数）。

②计算被测齿轮在分度圆处的弦齿高 h 和弦齿厚 S 值；将副卡尺调到 h 值，锁紧。

③先将主卡尺两测量点调开一段距离，使副卡尺测量端与齿顶圆接触。然后，微调主卡尺游标，使两测量点与齿廓接触，即可由主卡尺上读得弦齿厚的实际尺寸。注意：在调主卡尺游标时，用力不得过大，否则副卡尺量脚将脱离齿顶造成较大的测量误差。

④在齿轮圆周上每隔 90° 测量一次，分别用实测齿厚减去公称齿厚 S 即为各齿的齿厚实际偏差 ΔE_s。

⑤判断所测项目是否满足合格条件？并作出结论。合格条件为

$$E_{si} \leqslant \Delta E_s \leqslant E_{ss}$$

用齿厚游标卡尺测量齿厚,由于测量的是分度圆弦齿厚,而不是分度圆齿厚(弧长),这种测量方案偏离了齿厚偏差 ΔE_s 的定义要求,从而使这种测量方法存在概念上的测量误差,加上仪器本身的精度有限以及受到作为基准的直径误差和径跳误差的影响,因此仅适用测量精度较低或模数较大的齿轮。

(10)思考题

①测量齿厚偏差 ΔE_s 的目的是什么?

②齿厚的测量精度与哪些因素有关?

5.6.5　齿轮误差测量——齿轮公法线平均长度偏差及公法线长度变动测量实验

(1)实验学时

1 学时。

(2)实验类型

验证。

(3)实验要求

必修。

(4)实验目的

①掌握公法线长度测量的基本方法。

②加深理解公法线平均长度偏差 ΔE_w 及公法线长度变动 ΔF_w 两项指标的意义。

(5)实验内容

用公法线千分尺测量齿轮的公法线,并根据公法线平均长度偏差及公法线长度变动两项指标判断其合格性。

(6)实验原理、方法和手段

利用公法线千分尺的两平行平面与齿轮两非同名齿廓相切,通过测量出两切点的距离即为齿轮的公法线。

(7)实验组织运行要求

以学生自主训练为主的开放模式组织教学。

(8)实验条件

公法线千分尺、被测齿轮。

被测齿轮参数:$m = 4.5$,$z = 24$,$\alpha = 20°$,$\zeta = 0$,公差标注 9—8—8FJ,$E_{ss} = -100$ μm,$E_{si} = -250$ μm,$F_r = 100$ μm,$F_w = 56$ μm。

图 5.24 为公法线千分尺测量示意图,该量具的结构、使用方法及读数原理同普通千分尺,只是测量面制成盘形,以便于伸入齿间进行测量。

公法线长度 W 是指基圆切线与齿轮上两异名齿廓交点间的距离。

公法线平均长度偏差 ΔE_w:是指在齿轮一周范围内,公法线长度平均值 $\overline{W}$ 与公称值 W 之差,即 $\Delta E_w = W - \overline{W}$。

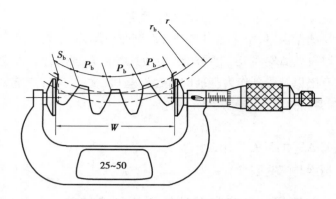

图 5.24　公法线千分尺测量示意图

由图 5.24 知,当被测齿轮齿厚发生变化时,公法线长度也相应发生变化。因此,公法线平均长度偏差 ΔE_w 是评定齿侧间隙的一个指标,取公法线长度平均值是为了消除运动偏心对公法线长度的影响。

公法线长度变动 ΔF_w:是指在齿轮一周范围内,实际公法线长度的最大值 W_{max} 与最小值 W_{min} 之差,即 $\Delta F_w = W_{max} - W_{min}$。该项指标影响齿轮运动的准确性。

公法线测量可采用具有两个平行测量面,且能插入被测齿轮相隔一定齿数的齿槽中的量具或仪器,如公法线千分尺、万能测齿仪等。在大批量生产中,还可采用公法线极限量规进行测量。

(9)实验步骤

①根据被测齿轮模数 m,齿数 z 按公式计算出公法线公称长度 W 和测量时的跨测齿数 n 值。

当 $\alpha = 20°$,$\zeta = 0$ 时

$$W = m \times [1.476 \times (2n - 1) + 0.014z],n = \frac{z}{9} + \frac{1}{2}(n \text{ 取成正整数})$$

②按计算出的 W 值选取测量器具(按器具的测量范围),并校准零位。

③将公法线千分尺按跨测齿数,置于齿廓齿高中部相切,沿齿轮圆周 6 等分测出公法线实际值,并计算出平均值,公法线实际长度的平均值与其公称长度之差即是公法线平均长度偏差 ΔE_w。

注意:为保证测量结果准确,测量时应轻轻摆动千分尺,取最小读数值,要正确使用棘轮机构,以控制测量力。

④沿同一齿轮一周测得的所有公法线中的最大与最小值(或取上面 6 次测得的实际值中的最大值与最小值)之差即为公法线长度变动 ΔF_w。

⑤按下式计算出公法线平均长度的上下偏差。

$$上偏差: E_{ws} = E_{ss}\cos \alpha - 0.72F_r\sin \alpha$$
$$下偏差: E_{wi} = E_{si}\cos \alpha + 0.72F_r\sin \alpha$$

式中　E_{ss}——齿厚上偏差;

　　α——齿形角；

　　E_{si}——齿厚下偏差；

　　F_r——齿圈径向跳动公差。

⑥判断所测项目是否满足合格条件，并作出结论。

合格条件为：

$$E_{wi} \leqslant \Delta E_w \leqslant E_{ws}; \Delta F_w \leqslant F_w$$

（10）思考题

①在评定齿轮传递运动准确性时，测量公法线长度变动量够不够？还应测量哪几项与它配合？

②测量公法线长度偏差为什么要取平均值？

5.6.6　基于图像处理万能工具显微镜的零件测量及设计

（1）实验学时

2 学时。

（2）实验类型

综合。

（3）实验要求

必修。

（4）实验目的

①了解图像处理万能工具显微镜的用途及测量原理。

②掌握用图像处理测量法测量零件。

③加深"尺寸公差、极限偏差及形位公差"的理解方法。

④初步了解"逆向工程"的含义。

（5）实验内容

用图像处理万能工具显微镜根据图像处理测量法测量二维零件的几何参数，并将测量所得零件图在 AutoCAD 软件中进行再设计并最终形成测绘零件的零件图。知识点：图像处理测量法、万能工具显微镜、逆向工程、AutoCAD 制图软件。

（6）实验原理、方法和手段

通过摄像机将零件的外形成像在显示器上，利用仪器上的元素采集功能，采集零件上各元素（直线、圆、圆弧），将测量结果与 AutoCAD 软件进行通信，形成测绘 CAD 图形，利用 CAD 软件，对测绘图进行修改、尺寸标注并最终生成零件图。

逆向工程：指从实物上采集大量的三维（本实验是二维）坐标点，并由此建立该物体的几何模型，进而开发出同类产品的先进技术。逆向工程与一般设计制造过程相反，是先有实物后有模型。本实验利用图像处理万能工具显微镜对零件进行测绘并生成 CAD 图形，在此基础上可进行再设计从而实现二维逆向工程。

（7）实验组织运行要求

以学生自主训练为主的开放模式组织教学。

（8）实验条件

JX13C 图像处理万能工具显微镜、标准模板、螺纹工件等。

JX13C 图像处理万能工具显微镜是一种配有功能强大的图像处理二维测量软件,能完成各种复杂的测量工作的计量仪器。利用软件可以实现坐标点或图像采集并将其处理形成直线、圆、圆弧等元素,进一步可以求取各元素的位置、角度和形状误差以及各元素的距离、交点等相关要素。测量结果可与 AutoCAD 软件进行通信,为计算机辅助设计提供准确的测绘图形。

图像处理万能工具显微镜的主要技术指标:

坐标测量行程（mm）: X 坐标:200 Y 坐标:100

X、Y 坐标测量分辨率: 0.000 5 mm

X、Y 坐标值准确度: $(1+L/100)\mu m$

CCD 摄像头: 1/2 in 黑白 CCD 像素数 795×596

图像处理万能工具显微镜的主体部分结构示意图,如图 5.25 所示,仪器主机有一个坚固的底座,船形工作台用于承载被测件,并可沿 X 坐标在底座上运动,横向托架上载着用于采集被测工件图像的主显微镜,并可沿 Y 坐标在底座上运动,二者上均装有快速移动和微动机构,并具有光栅测量装置,它们构成了一个完美的二维坐标测量系统。

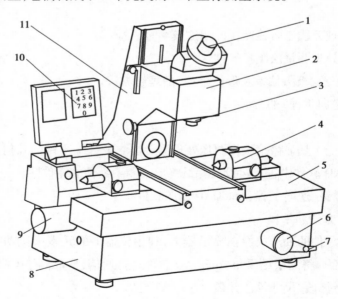

图 5.25 图像处理万能工具显微镜的主体部分结构示意图

1—目镜;2—主显微镜;3—物镜;4—顶针杆;5—船形工作台;6—工作台 Y 坐标微动手轮;
7—工作台 Y 坐标推拉锁紧钮;8—底座;9—工作台 X 坐标调节旋钮;10—数显面板;11—横向托架

测量原理：从光源射出的光，通过位于底座内部的聚光镜、可变光栏，经反射镜反射垂直向上，再通过聚光镜形成远心光束，照明位于工作台玻璃或顶在顶针架上的被测件。由主显微镜物镜将工件放大了的轮廓图像呈在摄像机的 CCD 面阵上。图像被转换成视频信号送到计算机内的图像捕捉卡。软件对采集到的图像及其当前仪器 X、Y 光栅坐标测量系统的坐标值进行处理，确定被采集的点、线、弧、圆各元素的尺寸和位置，并运用二维解析几何的数学模型求解各元素的形状和相互关系，最后输出计算结果。

（9）实验步骤

①依次接通电器箱、信号转接器、计算机主机、显示器、打印机开关。

②双击测量软件图标，松开工作台 X 坐标推拉锁紧钮，快速沿 X 方向拉动工作台，使仪器 X 坐标过零位，同样松开工作台 Y 坐标推拉锁紧钮，快速沿 Y 方向拉动工作台，使仪器 Y 方向过零位。

③单击物镜焦面识别图标，调节物镜焦距，使图像清晰，单击图像最佳对比度识别图标，调节灰度旋钮，获得图像最佳对比度（以上操作由实验指导老师完成）。

④单击采集工具中的"米字线"测量方式图标（同样也可采用其他测量方式）。

⑤分析零件的基本构成元素，这里的基本元素是指测量软件能直接采集的元素，如线段、圆、圆弧；确定测量方案。

⑥按测量方案完成整个零件的元素采集工作。

⑦单击输出到 AutoCAD 工具按钮，将测绘图形导入 AutoCAD 中。

⑧在 AutoCAD 中进行测绘图形的修改、设计及标注尺寸，并生成零件图。

（10）思考题

①图像处理万能工具显微镜的主要测量对象有哪些？

②该仪器的测量软件中，米字线和鼠标拉框的采点方式各有何优缺点？

③在采集圆弧时，对于提高测量的重复性及准确度你是如何考虑的？

第 **6** 章
零件装配基础

6.1　概述

任何机械产品都是由若干零件和部件组成的。将合格的零件,按照工艺规程要求接合成部件、总成或机械设备即产品的过程,并达到它所规定的精度和使用性能的整个工艺过程称为装配,装配工作的好坏直接影响产品的质量和性能。

装配包括组装、部装和总装。装配顺序先是组件、部件装配,最后是总装配。作好充分周密的准备工作,正确选择与遵守装配工艺规程是产品质量保证的两个基本要求。

6.2　装配精度和装配方法

6.2.1　装配精度

保证装配精度是装配工作的根本任务。装配精度是指装配后的质量与技术规格的符合程度,一般包括零部件间的配合精度、距离精度、位置精度、相对运动精度和接触精度等。上述装配精度的要求都是通过装配工艺保证的。影响装配精度的主要因素如下:

①零件本身加工、修理质量的好坏。

②装配过程中的选配和加工质量。

③装配后的调整与质量检验。

一般来说,零件的精度高,装配精度也就高;而生产实际表明,即使零件精度较高,若装配工艺不合理,也达不到较高的装配精度。因此,研究零件精度与装配精度的关系,对制订生产装配工艺是非常必要的。

6.2.2 装配方法

保证装配精度的方法主要有互换法、调整法和修配法 3 种。由于维修装配,一般批量不大,故多采用调整法和修配法进行定点装配的生产方式。但应看到,随着工业技术的发展,制造高精度的零件已不成困难,互换法装配已成为发展趋势。

常用装配方法的工艺内容、工艺特点和应用范围,见表 6.1。

表 6.1 常用装配方法的工艺内容、工艺特点和应用范围

装配方法	工艺内容	工艺特点	应用范围	实 例
互换	配合零件公差之和小于或等于规定的装配公差,零件完全互换,装配时,对零件不需作任何选择、修配或调整就能达到装配精度	操作简便、易于掌握、质量好、生产效率高,对零件精度要求较高	适用于按标准化制造的零件、环数较少而精度要求不是很高的配合件	滚动轴承、变速箱齿轮
调整	①从若干尺寸规格中选用一个合适的定尺寸调整件,如垫片、垫圈、套筒等获得装配精度 ②利用斜面、锥面、螺纹等改变零件相对位置的可调整件获得装配精度 ③改变零件间的相互位置,抵消其加工误差,获得最小的装配累积误差	①零件可按经济精度加工,获得较高的装配精度 ②增加调整件,使机械设备的刚度受到一定影响 ③装配质量取决于工人的技术水平	可用于各种装配情况	滚动轴承、锥齿轮、同步电动机、压缩机气阀
修配	在修配件上预留修配置,装配时修去多余部分,保证装配精度	多用于单件组装,装配质量取决于工人的技术水平	装配精度要求高的情况	滑动轴承、导轨、液压阀

6.3 装配工作注意要点

6.3.1 零件的检验要求

要保证机械设备质量良好,必须有严格的零部件检验制度,坚持不合格的零部件不许进行装配。特别要注意零件的材料性能、加工质量、配合质量和高速旋转零件的平衡。

6.3.2 清洗和润滑

①注意零件的彻底清洗,使用清洁剂和擦布。

②注意工作环境的清洁。

③对摩擦表面进行润滑,注意油品与工作性能相适应,注意油品清洁。

6.3.3 装配程序和操作要领

装配工作必须按一定程序进行,一般应遵循:先装下部零件,后装上部零件;先装内部零件,后装外部零件;先装笨重零件,后装轻巧零件;先装精度要求高的零件,后装一般零件。正确的装配程序是保证装配质量和提高装配工作效率的必要条件。

装配时还应注意遵守操作要领,既不能强行用力和猛力敲打,又必须在了解结构原理和装配顺序的前提下,按正确的位置和选用适当的工具、设备进行装配。

6.3.4 装配工具的选择

为减轻劳动强度、提高劳动生产率和保证装配质量,一定要选用合适的装配工具和设备。对通用工具的选用,一般要求工具的类型和规格要符合被装配机件的要求,不得错用或乱用;要积极采用专用工具和机动工具。

6.4 装配工艺过程

一般机械设备装配工艺过程大致是装配前的技术和物质准备、装配和调试。详细内容见表6.2。

表6.2 装配工艺过程

工艺过程	工艺内容
装配前的准备	①研究装配图及技术要求,了解装配结构、特点和调整方法 ②制订装配工艺规程、选择装配方法、确定装配顺序 ③准备装配工、量、夹具和材料 ④对装配件进行检验、修毛刺、倒角、清理、清洗、润滑,重要的旋转零件还需做静、动平衡试验
装配	①组件装配,将零件组合成装配单元 ②部件装配,将零件、组件组合成装配单元 ③总装配,将零件、组件、部件组成机械设备
调试	①调整零部件的相对位置、配合间隙,使之相互协调 ②进行空运转试验、载荷试验等 ③精度检验包括几何精度、运动精度等项检验

6.5　典型零部件的装配要点

6.5.1　过盈联接的装配

过盈联接的装配就是将较大尺寸的被包容件(如轴)装入有较小尺寸的包容件(如套)中。过盈联接的可靠性取决于过盈量是否符合装配要求。过盈联接结构简单,定心性好,能承受大的轴向力、扭矩及动载荷,也能承受变载荷和冲击载荷,可避免零件由于加工键槽等原因而使其强度削弱。但是,过盈联接配合面的加工精度要求高,尤其是圆锥面加工不容易,装配不方便,拆卸较困难。

过盈联接应用广泛,例如,齿轮、飞轮、带轮、链轮、联轴器等与轴的联接,轴承座与轴承套的联接等。近年来,由于采用液压装拆,使无键过盈联接在齿形联轴器上获得广泛应用。

过盈联接由于配合表面的形式及各种零件结构性能的不同要求,有不同的装配方法。装配应力求省力、省时、保证质量和不损伤零件。主要装配方法有人工装配、常温下压装、热装和冷装等。这些装配方法的工艺特点、使用的工具和设备以及适用范围见表 6.3。

表 6.3　过盈联接装配方法

装配方法		工艺特点	主要设备和工具	适用范围
压入法	人工装配	人工施力,简便,不易导向,易损伤机件	锤子或重物冲击	配合面要求较低,长度较短,过渡配合的键、销、短轴,单件生产
	工具机装配	施力均匀,方向易控制,生产效率高	齿条式压力机(<15 000 N) 螺旋式压力机(<20 000 N) 杠杆式压力机(<15 000 N)	较小过盈量的轮圈、齿轮、套筒、滚动轴承,多用于小批量生产
	压力机压装	压力范围广,导向性好,生产效率高	螺旋式压力机(<100 000 N) 液压式压力机(>100 000 N)	中等过盈量的车轮、飞轮、齿圈、连杆衬套、滚动轴承,成批生产,应用较广
热胀法	介质加热	加热包容件,热胀均匀	沸水槽(80～120 ℃) 热油槽(90～320 ℃) 蒸汽加热槽 120 ℃	用于过盈量较小的场合和较小的工件,如滚动轴承、连杆衬套、齿轮等
	电阻加热和辐射加热	加热包容件,热胀均匀、温度易控	电阻炉(400 ℃) 红外辐射加热箱	小、中型联接件,适合于精密设备或有易爆易燃场合
	感应加热	加热时间短、效率高、温度易控、加热包容件	感应加热器(400 ℃以上)	中、大型联接件,大过盈配合,适用于精密设备或有易爆易燃场合
	燃气加热	加热包容件、操作简便、易于控制	喷灯、氧-乙炔、丙烷加热器、炭炉温度<350 ℃	适用于局部受热和热胀尺寸要求严格控制的中、大型联接件,如叶轮、曲轴等

143

续表

装配方法		工艺特点	主要设备和工具	适用范围
冷缩法	干冰冷却	冷却被包容件,操作简便	干冰箱可冷至-78 ℃	过盈量较小的小型联接件和薄型衬套、包容件尺寸很大、形状复杂、不便或不准加热
	低温冷却	冷却被包容件	低温箱可冷至(-40~-140 ℃)	配合面精度较高的联接件,在热态下工作的薄壁件
	液氮冷却	冷却被包容件,冷却时间短,生产效率高	液氮槽可冷至-195 ℃	过盈量较大的联接件
液压套合法	液压套合	压力达150~200 MPa,操作工艺要求严格、套合后拆卸方便	高压泵、扩压器、高压油枪、高压密封件、接头等	过盈量较大的大、中型联接件,特别适用于套合定位要求严格的部件

6.5.2 紧固联接的装配

紧固联接分为可拆和不可拆两类。可拆联接有螺钉、键、销等;不可拆连接有铆接、焊接和粘接等。装配要点如下:

(1)螺钉螺母联接

①凡与螺钉螺母贴合的表面均应光洁、平整,否则使联接件松动或使螺钉弯曲。

②保证被联接件的紧固性和获得正确位置。在工作中不得松动、不毁坏。装配时螺母可用手拧入,如过紧,不许强行拧入,需用板牙、丝锥校正。不要使用不合格的螺钉和螺母。

③拧紧力矩应适当,通常用指针式扭力扳手拧紧。对在工作中有振动或冲击的联接件,不仅要拧紧,还必须采用合适的防松锁紧装置,例如,双螺母防松、弹簧垫圈防松、带止动垫圈防松、开口销防松等,如图6.1所示。

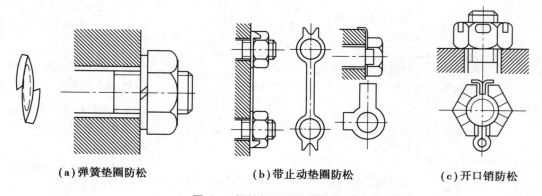

(a)弹簧垫圈防松   (b)带止动垫圈防松   (c)开口销防松

图6.1 螺钉螺母防松锁紧装置

④拧紧多个螺母时,必须按照一定的顺序进行,并分多次逐步拧紧,否则会使零件或螺钉产生松紧不一致甚至变形。在拧紧方形或圆形布置的成组螺母时应对称地进行,如图 6.2 所示。

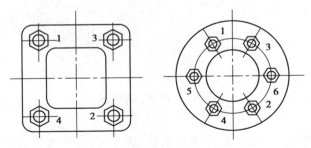

图 6.2　方形或圆形布置多螺母拧紧顺序图

拧紧长方形布置的成组螺母时,应从中间开始,逐渐向两边对称地扩展,如图 6.3 所示。

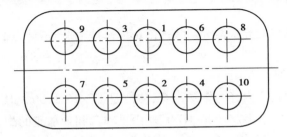

图 6.3　长方形布置多螺母拧紧顺序图

(2) 键联接装配

用平键联接时,键与轴上键槽的两侧面应留有一定的过盈。装配前去毛刺、配键、洗净、加油,将键轻轻敲入槽内并与底面接触,然后试装轮子。轮毂上的键槽若与键配合过紧时,可修整键槽,但不能松动。键的顶面与槽底应留有间隙,如图 6.4 所示。

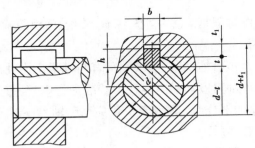

图 6.4　键联接装配图

花键联接应用最多的是大径定心的矩形花键,配合形式多为间隙配合,装配后应滑动自如又不松旷。

(3) 销联接装配

装定位销时,不准用铁器强行打入。应在其完全适当的配合下,用手推入约 75% 的长度后再轻轻打入。装配件要注意倒角和清除毛刺,如图 6.5 所示。

145

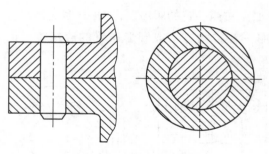

图 6.5　销联接装配图

（4）铆钉连接

用铆钉连接零件时，在被连接的零件上钻孔，插入铆钉，用顶模支持铆钉头部，另一端用锤敲打。

6.5.3　滑动轴承装配

滑动轴承分整体式和剖分式两种。装配前都应修掉毛刺、清洗、加油，并注意轴承加油孔的工作位置。

（1）整体式滑动轴承

整体式滑动轴承的轴套内径与轴颈配合，一般是 H7/g6、H7/e8、H7/d8、H7/c8；轴套外径与轴承座内孔的配合一般是 H7/k6 或 H7/t7。由于轴套和轴承座的配合不同，装配方法也不一样。过盈量较小、孔径与孔长也较小时，可用锤击法将轴套装入轴承座内；当过盈量较大、孔径与孔长较大时，用压力机将轴套压入轴承座内，也可用冷却轴套装入。轴套装入后，由于有过盈量，轴套内径缩小，过盈量越大，内径缩小越严重，其缩小量一般约等于配合的最大过盈和最小过盈之和的一半，它给装配带来了很大的修配工作量。为减少修配工作量，通常在机械加工时采用加大轴套内径基本尺寸的方法，其加大的数值约等于内径缩小量。

（2）剖分式滑动轴承

剖分式滑动轴承的装配过程是清洗、检查、刮研、装配、间隙的调整和压力的调整等。

1）轴瓦与轴承座的装配

为将轴上的载荷均匀地传给轴承座，要求轴瓦背与轴承座内孔应有良好的接触、配合紧密。修刮轴瓦背时，用砂轮、刮刀以轴承座内孔为基准进行修配，直至达到规定的要求为止。另外，要修刮轴瓦及轴承座的剖分面。轴瓦剖分面应高于轴承座剖分面，以便轴承座拧紧后，轴瓦及轴承座具有过渡配合性质。

为保证轴瓦在轴承座内不发生转动或振动，常在轴瓦与轴承座之间安放定位销。为了防止轴瓦在轴承座内产生轴向移动，一般轴瓦都有翻边，没有翻边的则有止口，翻边或止口与轴承座之间不应有轴向间隙。

2）轴在轴瓦中的装配

除保证轴颈和轴瓦孔的配合间隙外，还要保证两轴孔的同轴度及有关轴线的平行度或垂直度。为此，一般用着色法检查并修刮轴瓦，使之达到规定的尺寸及位置精度，并注意它们之间的接触角和接触点应符合要求。

要开瓦口和油沟。开瓦口是为储存磨粒、存油和散热。瓦口小时,轴瓦容易抱住轴颈。瓦口也不能开通,否则运转时会漏油。

为使润滑油能分布到轴承的工作面上去,轴瓦的内表面需开油沟。油沟应开在不承受载荷的内表面上,否则会破坏油膜的连续性而影响承载能力。各种油沟的尺寸可查阅有关手册和资料。

3)轴承间隙的检查与调整

滑动轴承装配后,形成了顶间隙、侧间隙和轴向间隙,它们均应进行检查,并根据需要进行调整。

顶间隙是为了保证有良好的润滑条件,其间隙大小主要取决于轴颈直径、转数、载荷和润滑油的黏度等,一般取轴颈尺寸的(1/1 000~2/1 000)mm,当加工质量较高时为 0.5/1 000 mm。侧间隙的作用是积聚和冷却润滑油,形成油膜,改善散热条件,其数值是变化的,越向轴承底部,间隙越小,单边侧间隙一般取顶间隙的 1/2。轴向间隙的作用是使轴在温度变化时有自由伸缩的余地。

轴承与轴的配合间隙必须合适。顶间隙的检查通常用塞尺或压铅法。对于直径较大的轴承,间隙较大,可用较窄的塞尺直接塞入间隙检查;对于直径较小的轴承,间隙较小,不便用塞尺测量。但轴承的侧间隙,必须用厚度适当的塞尺测量。用压铅法检测轴承间隙比用塞尺检查准确,但较费事,检测所用铅丝直径最好为间隙的 1.5~2 倍,通常用电工用的熔丝进行检测。

滑动轴承的轴向间隙,对固定端来说,间隙值为 0.1~0.2 mm,自由端的间隙值应大于轴的热膨胀伸长量。对它的检查一般是将轴移至一个极限位置,然后用塞尺或百分表测量轴从一个极限位置到另一个极限位置的窜动量,即轴向间隙。

如果实测的顶间隙小于规定值,则应在上下瓦接合面间加入垫片;反之,应减少垫片或刮削接合面。实测的轴向间隙如不符合规定值,应刮研轴瓦端面或调整止推螺钉。

6.5.4 滚动轴承装配

滚动轴承装配若不正确,不仅加速轴承的磨损、缩短使用寿命,而且会发生断裂和高温咬住等事故。它的装配工艺包括清洗、检查、装配与间隙的调整。

(1)圆柱孔轴承的装配

圆柱孔轴承是指内孔为圆柱形孔的轴承,如调心球轴承、圆柱滚子轴承和角接触球轴承等。它们在滚动轴承中占绝大多数,具有一般滚动轴承的装配共性。这些轴承的装配方法主要取决于轴承与轴及轴承座孔的配合情况。

轴承内圈与轴为紧配合,外圈与轴承座孔为较松配合时,这种轴承的装配是先将轴承压装在轴上,如图 6.6(a)所示,然后将轴连同轴承一起装入壳体轴承座孔中。在装配时要注意导正,防止轴承歪斜,否则不仅装配困难,还会产生压痕,使轴和轴承早期损坏。压装时不允许通过滚动体传递压力。

轴承外圈与轴承座孔为紧配合,内圈与轴为较松配合时,应将轴承先压入轴承座孔中,再装轴,如图 6.6(b)所示。

轴承内圈与轴、外圈与轴承座孔都是紧配合时,可用专门安装套管将轴承同时压入轴颈和轴承座孔中,如图6.6(c)所示。

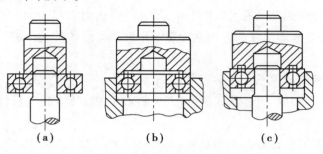

图6.6 圆柱孔轴承装配图

轴承内圈与轴配合过盈较大时,可采用热装。通常用油槽加热,温度一般不超过100 ℃,加热时间不低于15~20 min。

(2)圆锥孔轴承的装配

这种轴承一般要求有比较紧密的配合,松紧程度由轴颈压进锥形配合面的深度而定,靠装配时测量径向游隙而把握。对不可分离的轴承其径向游隙用塞尺测量;对可分离的圆柱滚子轴承,用外径千分尺测量内圈装在轴上后的膨胀量,用其代替径向游隙减小量。

(3)圆锥滚子轴承、推力轴承、滚针轴承的装配

圆锥滚子轴承和角接触球轴承通常是成对安装的。装配时轴承的游隙通过调整内、外圈的轴向相对位置控制,常用的调整方法有用垫圈调整、用螺钉通过带凸缘的垫片调整、用螺纹圆环调整3种,如图6.7所示。

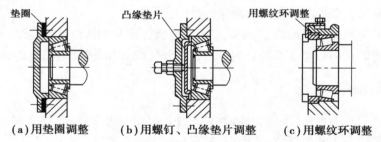

(a)用垫圈调整 (b)用螺钉、凸缘垫片调整 (c)用螺纹环调整

图6.7 圆锥滚子轴承、推力轴承、滚针轴承的装配图

安装推力轴承时,应注意区分轴圈和座圈,轴圈内孔小而座圈内孔大;应注意检查轴圈与轴中心线的垂直度。安装后应检查轴向游隙,不符合要求应予调整。

滚针轴承装配应注意先在滚针上涂抹稠润滑脂,然后将滚针逐个粘贴,最后一个滚针粘上后应具有一定间隙,其大小取决于结构。

(4)滚动轴承间隙的调整

滚动轴承应具有必要的间隙,弥补制造和装配偏差,保证滚动体正常运转,延长使用寿命。间隙分为径向和轴向两种,有的可调,有的不可调。径向间隙与轴向间隙存在着正比关系,轴向间隙调整好了,径向间隙也就调整好了。

间隙的调整方法有:

①垫片调整,即利用侧盖处的垫片调整,这是最常用的方法。

②螺钉调整,即利用侧盖处的螺钉调整,使用较多。

③内外圈调整,当同一根轴上装有两个圆锥滚子轴承时,其轴向间隙常用内外圈进行调整,它是在轴承尚未装到轴上时进行,内外圈长度根据轴向间隙确定。

6.5.5　齿轮的装配

在维修中,齿轮的装配较复杂。为保证维修装配的质量,应注意:

①对传递动力的齿轮,尽可能维持原来的啮合关系。

②对分度传动的齿轮,为减少噪声和保证分度均匀,安装调整时,应取齿侧间隙的最小值,同时使节圆半径的跳动最小。

(1)圆柱齿轮的装配

1)齿轮在轴上的装配

对一般齿轮传动,为保证齿轮和轴的同轴度,齿轮与轴的配合应为过盈配合 H7/r6 或过渡配合 H7/m6。过盈量较大的采用热装,过盈量较小的采用冷压装。转矩的传递则由键联接保证。轴向定位要适当,过盈配合的直齿轮,一般不另加轴向定位;如果是过渡配合或斜齿轮,则必须进行轴向定位。

齿轮装配后要进行检查,主要项目有齿轮径向跳动、端面圆跳动等,如图 6.8 所示。装配后常出现的误差有:

①齿轮在轴颈上偏摆,其产生的原因是齿轮内孔与齿轮端面有垂直度误差,或因齿轮内孔与轴颈装配时压偏了。

②齿圈径向跳动误差,一般情况是因滚齿时有加工误差或齿轮分度圆轴线与轴颈轴线同轴度误差引起。

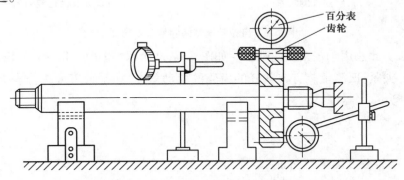

图 6.8　圆柱齿轮径向跳动、端面圆跳动检查示意图

2)齿轮轴组件在机体上的装配

要求保证齿轮的接触精度、工作平稳性及齿侧间隙。影响这些要求的因素有:机体孔的同轴度;机体孔各轴线的平行度;机体孔轴线倾斜及中心距误差,此外还有齿轮在轴上的装配误差。为保证装配精度,在装配时要进行调整和修配。当齿轮传动使用滑动轴承时,机体等有关加工误差可用刮研及修磨滑动轴承孔进行补偿,使之达到齿轮的接触精度及规定的齿侧间隙。齿轮传动采用滚动轴承时,机体加工误差无法用修配法进行补偿,因此,必须严格控制机体的加工精度。有时为了提高齿轮的接触精度,也用偏心套或后配衬板的方法来实现。

3) 要有合适的齿侧间隙

齿侧间隙是指齿轮副啮合轮非工作面间法线方向的空隙。齿侧间隙的作用在于补偿齿轮的加工误差和安装误差、补偿热变形,避免运转时发生卡涩现象,保证齿轮的自由回转,储存润滑油,有良好的润滑和散热条件,不引起大的冲击。

齿侧间隙的大小与齿轮模数、精度等级和中心距有关。齿侧间隙的大小在齿轮圆周上应均匀,以保证传动平稳,没有冲击和噪声。在齿的长度上应相等,以保证齿轮间接触良好。

齿侧间隙的检查方法有压铅法和千分表法两种:

①压铅法。此法简单,测量结果比较准确,应用较多。如图 6.9(a)所示,在两齿轮的齿面间放入一段铅丝,其直径根据间隙大小选定,长度以压上 3 个齿为好,然后均匀的转动齿轮,使铅丝通过啮合而被压偏。厚度小的是工作侧隙,最厚的是齿顶间隙,厚度较大的是非工作侧隙。厚度均用千分尺测量。轮齿的工作侧隙和非工作侧隙之和即为齿侧间隙。

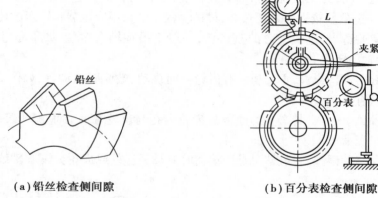

(a) 铅丝检查侧间隙　　　　　　(b) 百分表检查侧间隙

图 6.9　齿轮装配侧间隙检查示意图

②打表法。此法用于较精确的啮合。如图 6.9(b)所示,测量时将一个齿轮固定,在另一个齿轮上装上夹紧杆,测量装有夹紧杆的齿轮的摆动角度,在千分表或百分表上得到读数差 j,齿侧间隙 j_n 为

$$j_n = j\frac{R}{L}$$

式中　R——齿轮分度圆半径,mm;

　　　L——百分表头至齿轮回转轴线的距离,mm。

也可将表直接顶在非固定齿轮的齿面上,迅速使轮齿从一侧啮合转向另一侧啮合,表上的读数差值即为侧隙值。圆柱齿轮副的侧隙调整方法与接触斑点的调整方法相似,可以通过调整轴承座或修刮轴瓦等方法实现。

4) 齿轮接触精度的检查及研齿

对于传递动力的齿轮要求齿面的接触状况良好,即接触面积大而均匀,避免发生过大的载荷集中,保证齿轮的承载能力,达到减少磨损和延长使用寿命的目的。齿轮接触精度规定是用啮合接触斑点范围的大小表示,用着色法检查。首先在小齿轮齿面上涂色,然后与大齿

轮对滚,大齿轮转 3~4 圈后,检查齿面接触面积及位置。正常接触痕迹应在齿轮分度圆附近,并有一定面积,其具体数值可查有关手册。

装配后出现的接触误差,可经过研齿、修刮及磨合等工艺措施消除。

(2) 锥齿轮的装配

锥齿轮的装配与圆柱齿轮的装配基本相同。所不同的是锥齿轮传动两轴线相交,夹角一般为 90°。装配时值得注意的主要问题是轴线夹角的偏差、轴线不相交偏差、分度圆锥顶点偏移以及啮合齿侧间隙和接触精度应符合规定要求。

装配时以齿轮的背锥为基准,将背锥面装成平齐,保证齿轮的正确装配位置,然后按接触点再作进一步调整。侧隙可通过调整齿轮的轴向位置获得,同时应保持背锥的平齐。

锥齿轮的轴向定位是否正确,将影响齿轮副的侧隙及正确啮合。

锥齿轮装配后要检查齿侧间隙和接触精度。齿侧间隙一般是检查法向侧隙,检查方法与圆柱齿轮相同。若侧隙不符合规定,可通过齿轮的轴向位置进行调整。接触精度也用着色法检查,当载荷很小时,接触斑点的位置应在齿宽的中部稍偏小端,接触长度为齿长的 2/3 左右。载荷增大,斑点的位置向齿轮的大端方向延伸,在齿高的上下两方向也有扩大。如果装配不符合要求时,应进行调整。

6.5.6　蜗杆蜗轮的装配

蜗杆蜗轮的装配步骤是:

①将蜗轮齿圈压装在轮毂上,并用螺钉固定。

②将蜗轮装到蜗轮轴上。

③将蜗轮-轴部件安装到箱体上。

④安装蜗杆,其轴心线位置由箱体孔确定。

动力蜗杆蜗轮传动装置的装配,一般是先装蜗轮。蜗杆与蜗轮的轴向间隙不能过紧或过松。蜗轮的轴向位置即相对于蜗杆中心应根据接触斑点进行调整,将红丹油涂在蜗杆的螺旋面上,使蜗杆与蜗轮啮合,要求蜗轮齿面上的接触斑点位置在中部稍偏蜗杆的旋出方向。装配时还应检验其转动的灵活性,保证蜗轮在任何位置时,旋转蜗杆的力矩基本一致,没有咬住的现象。通常可用手检验,若运转困难甚至咬住,一般认为间隙过小,啮合不精确,应予以调整。

分度蜗杆蜗轮传动装置的装配,通常用蜗杆径向可调结构。装配时以接触斑点为依据调整蜗杆的位置,并同时作侧隙检验。为保证分度蜗杆的中心线与分度蜗轮的中心平面的平行度,应使分度蜗杆的轴承孔与工作台平面平行,蜗杆与蜗轮的啮合侧隙应保证 0.02 mm。啮合侧隙在装配后需进行复验。

安装后出现的各种偏差,可通过移动蜗轮中心平面的位置改变啮合接触位置来修正,也可刮削蜗轮轴瓦来找中心线偏差。

6.5.7　零部件的平衡

零部件因制造不准确,其内部材料组织不均匀,以及安装误差等原因造成重心偏移,在旋转过程中产生离心力,使零部件不平衡。

离心力作用在轴及轴承上,将破坏轴承的润滑油膜,加剧零件的磨损,甚至把轴承压坏、压弯,还会因离心力的方向随旋转方向的改变而引起机械设备基础的振动。这对高速、精密机械设备是不容忽视的。

如何将离心力的影响限制在一定范围内,已成为提高机械设备工作质量的重要问题之一。通常用离心平衡的方法来达到这一目的。

对于圆盘类零件,配以平衡重物后,能静止在任何位置上,称静平衡。它是利用地心引力对不平衡量的作用而进行平衡校正的。由于重力加速度是一定的,因此一般说来灵敏度较低。当零件的直径对长度之比 D/L 大于 1 时,静平衡才能获得较好的效果,例如,飞轮、齿轮和圆盘形砂轮等高速旋转零件。

静平衡一般在设有刀形、圆柱形和滚轮平衡架装置的静平衡设备上进行,其根据是零件偏重部分一定在最低位置的基本原理。平衡时,找出零件偏重部位,然后在该位置上钻孔,去除一部分金属,或在偏重部位相对称的位置上增加一相应重物,即配重,直至零件可在任意位置上都能静止不动时表示零件已经平衡。静平衡的方法简单、适用。

静平衡只能校正力不平衡量,而不能校正力偶不平衡量。对于细长轴类零件在旋转时,不仅产生离心力,还会出现力偶。力偶将会使其扭转、引起振动。因此,在这种情况下,既要作静平衡,也要作动平衡。

动平衡是利用转子不平衡量在旋转时所产生的离心力来进行校正的。因为离心加速度往往大于重力加速度,所以动平衡能获得比静平衡更高的灵敏度,不仅能校正力不平衡量,还能校正力偶不平衡量。

动平衡又分为两种:一是低速动平衡,它是指平衡转速较低的动平衡过程,一般为转子工作转速的 20% 左右,转子总是刚性的,又称刚性转子动平衡。二是高速动平衡,它是指在工作转速范围内高速转子的动平衡。由于转子转速高,故设计成挠性转子。对于挠性转子进行动平衡校正,主要是校正振型不平衡量,这是高速动平衡中的主要内容。

动平衡是在复杂的动平衡机上进行的,评定指标较多,校正方法较难,限于篇幅这里不再赘述,可参阅有关资料和专著。

6.5.8 密封件的装配

在机械设备使用中,由于密封失效,常出现三漏,即漏油、漏水、漏气现象。它不仅造成物质浪费、降低工作效能、污染环境,而且还可能促使严重事故的发生。

密封失效的原因,有密封件质量不好,密封件在工作过程中磨损、老化、变形和腐蚀,密封件的装配工艺不符合要求等,而主要原因则往往是装配工艺不好。因此,对密封件的装配工艺应引起足够重视。

密封件的种类很多,常用的有衬垫密封、填料密封、油封、O 形密封圈、Y 形密封圈、机械密封装置、机械防漏密封胶等。它们的装配都有一定的要求。这里仅对其装配的一般要求主要提出以下几点,仅供参考。

①应根据不同的压力、温度、介质选用合适的密封材料,如纸质、软木、石棉衬垫、橡胶衬

垫、金属垫等。

②装配工艺要合理,要有合适的装配松紧程度,当压紧不足时容易引起泄漏,而压紧过大则会引起发热,加速磨损,增大摩擦功率。

③装配的位置和方向要正确,不得错位或歪斜,除 O 形圈外,其余各种形式的密封圈一般都是单向作用,使其唇部朝向承受介质压力的一方,由介质压力将唇部压紧,提高密封效果。

④密封盖的锁紧程度应均匀,拧紧压盖螺钉时应注意按多次对称位置逐个进行。

6.6　总装配要点

机械设备的总装配是制造或维修过程中的最后工序,其实质是将装配好的各个部件或总成固定在基体上,使之成为一个整体。同时,要求各个部件之间、各部件与基体导轨之间的相互位置精度达到所规定的各项技术要求。总装配在工艺上有以下要求:

①"预处理工序"先行,如零件的清洗、倒角、去毛刺、油刺等工序要安排在前。

②"先下后上",先装处于机器下部的零部件,再装处于机器上部的零部件,使机器在整个装配过程中其重心始终处于稳定状态。

③"先内后外",使先装部分不会成为后续作业的障碍。

④"先难后易",先装难于装配的零部件,因为,开始装配时活动空间较大,便于安装、调整、检测及机器的翻转。

⑤"先重大后轻小",一般先安装体积、质量较大的零部件,后安装体积、质量较小的零部件。

⑥"先精密后一般",先将影响整台机器精度的零部件安装、调试好,再装一般要求的零部件。

⑦安排必要的检验工序,特别是对产品质量和性能有影响的工序,在它的后面一定要安排检验工序,检验合格后方可进行后续的装配。

⑧电线、液压油管,润滑油管的安装工序应合理地穿插在整个装配过程中,不能疏忽。

机械设备大修后的总装配与新产品的总装配有所不同。因为有些零件经过使用已经磨损了,它们的相互位置被改变,使维修装配工作更加复杂。对于维修装配除了以上的工艺要求外,还有以下主要要求:

①定位用的定位销在其工作长度上应与两个零件孔的表面达到接触面的要求,保证定位。

②主要部件在保证位置正确的前提下,应紧固可靠;固定接合面应接触严密,一般情况下,0.04 mm 塞尺不能进去。

③移动部件不论在有载还是空载情况下,都应当做到运动灵活自如,不得有歪斜和卡涩现象,各部位无过热、异响情况。

④机械设备工作时,所有手柄不得抖动或自行移动、脱位;手动操纵的行程应平稳,没有阻滞现象。

⑤安全防护措施均应齐备,并处于良好的技术状态。

6.7　装配后的磨合与试验调整

新出厂或经过大修之后的机械设备其主要零部件都应进行磨合与试验调整。

6.7.1　磨合

新的零件或经过修复的零件都存在一定的微观不平度,再加上配合件的装配误差,所以配合表面的接触是极不均匀的,实际上仅是少数几个尖峰相接触,真实接触面积较小。如果直接承受载荷,则单位接触面积承受的实际载荷较大,在局部接触点上会引起超过屈服点的巨大接触应力,或引起不平度凸峰的相互嵌入,接触点会由弹性变形进而发展为塑性变形。接触的尖峰被压溃后,使接触面更加接近,在分子间的引力作用下,将使接触点发生黏着。当两接触表面作相对运动时,由于存在很大的摩擦因数,会引起大量发热,可能产生接近材料熔点的温度,导致严重的黏着磨损或表面直接擦伤,由此造成机械零件的早期损坏。拉缸、抱轴、齿轮或蜗轮的黏着、胶合等就是典型的例子。

磨合是将装配好的机械设备、部件,使用一定的润滑材料,在空载或逐渐加载、加速的条件下进行运转,从而克服了上述的不良后果。同时,合理的磨合工艺,还能形成良好的工作表面、降低磨损速度,提高零部件的使用寿命,弥补因制造或修复受到设备、工艺、技术水平等条件的限制而出现的质量问题。

合理的磨合工艺应该是磨合后的零件表面具有良好的适应正常工作的能力、良好的摩擦磨损性能、摩擦力和发热量均达到最小值;磨合过程中能使磨损速度逐渐而稳定地降低,能以最小的磨损量实现平衡粗糙度;能提高磨合速度、使磨合时间最短、使用经费最少,最终达到机械设备即产品的设计技术指标。

影响磨合的主要因素是润滑剂的性质、零部件的表面质量;初始速度;零件的材质;载荷等。磨合效果的优和劣,包括磨合速度和磨合质量两个方面。磨合速度影响工作效率,可用磨合的有效时间评定,磨合质量则影响工作性能、可靠性和使用寿命。

由于各种机械设备的功能、结构特点、设计和制造水平、原始表面状态和维修质量等不同,对磨合的要求也各不一样,磨合工艺一般也较完善,需要经过3个阶段:一是冷磨合,如发动机由其他动力机械驱动运转;二是无载热磨合,如发动机空运转;三是加载热磨合,如发动机加载运转。

6.7.2　检查试验

在装配中很难避免有缺陷存在,装配是否符合要求只有通过装配后对部件和整个机械设备进行检查和试验,才能知道装配的质量如何,并及时发现是否有卡涩、异响、过热、渗漏等现象,工作能力和性能指标是否符合要求。因此,检查试验工序是装配工作的继续,十分重要。

6.7.3　调整

调整是机械设备或产品装配的最后一道工序,在装配中,某些项目要通过运转才能最后进行调整,如机床的传动系统、液压系统等,调整的原则是让机械设备各系统工作协调,达到最佳工作状态,如能耗、噪声、转速、功率等各项技术指标均达到最佳值,它是每台机械设备或产品出厂质量和性能的最后保证。

第 **7** 章
机械检验与检测基础

7.1 测试系统及其基本特性

7.1.1 测试系统组成及其数学描述

（1）测试系统组成

测试系统是执行测试任务的传感器、仪器和设备的总称。当测试的目的、要求不同时，所用的测试装置差别很大。简单的温度测试装置只需一个液柱式温度计，而较完整的动刚度测试系统，则仪器多且复杂。本章所指的测试装置可以小到传感器，大到整个测试系统。测试系统组成框图如图 7.1 所示。

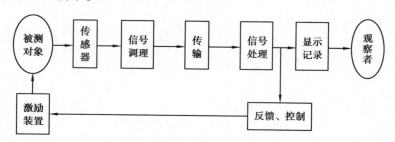

图 7.1　测试系统组成框图

传感器：按照一定规律将被测量转换成同种或别种信号显示输出给下一个单元。

信号调理：将来自传感器的信号转换成更适合进一步传输和处理的形式。

信号处理：接受来自信号调理单元的信号，并进行必要的运算、滤波、分析，将结果输出给显示记录或反馈、控制单元。

显示记录：以观察者易于识别的形式将处理后的检测信号结果显示出来，或者存储起来，以供使用。

传输：从接收信号到处理、输出信号的全部传输过程，传输过程贯穿于各个单元环节之中，一般不单独设置。如单独讨论传输单元时，则专指长距离的信号传输。这是因为在长距离传输信号时，如果方法、设备选用不当，很可能加入大量干扰信号，丢失有用信号，以致无法检测。

一个测试系统不论由多少单元组成，都必须满足一个基本原则：各环节的输出量与输入量之间应保持一一对应，一定比例和尽量不失真。所以组成测试系统时，应着重考虑尽可能减小和消除各种干扰信号。

（2）测试系统数学描述

在测量工作中，一般把研究对象和测量装置作为一个系统来看待。问题简化为处理输入 $x(t)$、系统传输特性 $h(t)$ 和输出 $y(t)$ 三者之间的关系。

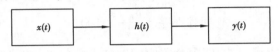

图 7.2　系统、输入和输出

系统辨识：当输入、输出能够测量时（已知），可以通过它们推断系统的传输特性。

系统预估：当系统特性已知，输出可测量，可以通过它们推断导致该输出的输入量。

系统分析：如果输入和系统特性已知，则可以推断和估计系统的输出量。

7.1.2　测试系统静态特性和动态特性

为了获得准确的测量结果，需要对测量系统提出多方面的性能要求。这些性能大致包括 4 个方面，即静态特性、动态特性、负载效应和抗干扰特性。对于那些用于静态测量的测试系统，一般只需衡量其静态特性、负载效应和抗干扰特性指标。在动态测量中，则需要利用这 4 个方面的特性指标来衡量测量仪器的质量，因为它们都将会对测量结果产生影响。

（1）测试系统的静态特性

如果测量时，测试装置的输入、输出信号不随时间而变化，则称为静态测量。静态测量时，测试装置表现出的响应特性称为静态响应特性。表示静态响应特性的参数，主要有灵敏度、非线性度和回程误差等。为了评定测试装置的静态响应特性，通常采用静态测量的方法求取输入和输出关系曲线作为该装置的标定曲线。理想线性装置的标定曲线应该是直线，但由于各种原因，实际测试装置的标定曲线并非如此。因此，一般还要按最小二乘法原理求出标定曲线的拟合直线。

1）灵敏度

当测试装置的输入 x 有一增量 Δx，引起输出 y 发生相应的变化 Δy，则定义 $S = \Delta y / \Delta x$ 为该装置的灵敏度。

线性装置的灵敏度 S 为常数，是输入和输出关系直线的斜率。斜率越大，其灵敏度就越高。非线性装置的灵敏度 S 是一个变量，即 X-Y 关系曲线的斜率，输入量不同，灵敏度就不同，通常用拟合直线的斜率表示装置的平均灵敏度。灵敏度的量纲由输入和输出的量纲决定。应该注意的是，装置的灵敏度越高，就越容易受外界干扰的影响，即装置的稳定性越差。

2）非线性度

标定曲线与拟合直线的偏离程度就是非线性度。若在标称（全量程）输出范围 A 内，标定曲线偏离拟合直线的最大偏差为 B，则定义非线性度为

$$非线性度 = \frac{B}{A} \times 100\% \qquad (7.1)$$

拟合直线该如何确定，目前国内外还没有统一的标准，较常用的是最小二乘法。

3）回程误差

实际测试装置在输入量由小增大和由大减小的测试过程中，对应于同一个输入量往往有不同的输出量。在同样的测试条件下，若在全量程输出范围内，对于同一个输入量所得到的两个数值不同的输出量之间差值最大者为 h_{max}，则定义回程误差为

$$回程误差 = \frac{h_{max}}{A} \times 100\% \qquad (7.2)$$

回程误差是迟滞现象产生的，即因装置内部的弹性元件、磁性元件的滞后特性以及机械部分的摩擦、间隙、灰尘积塞等原因造成的。

4）静态响应特性的其他描述

描述测试装置的静态响应特性还有其他一些术语，现分述如下：

①精度：与评价测试装置产生的测量误差大小有关的指标。

②灵敏阀：又称为死区，用来衡量测量起始点不灵敏的程度。

③分辨力：指能引起输出量发生变化时输入量的最小变化量，表明测试装置分辨输入量微小变化的能力。

④测量范围：指测试装置能正常测量最小输入量和最大输入量之间的范围。

⑤稳定性：指在一定工作条件下，当输入量不变时，输出量随时间变化的程度。

⑥可靠性：与测试装置无故障工作时间长短有关的一种描述。

（2）测试系统的动态特性

在对动态物理量（如机械振动的波形）进行测试时，测试装置的输出变化是否能真实地反映输入变化，取决于测试装置的动态响应特性。系统的动态响应特性一般通过描述系统传递函数、频率响应函数等数学模型来进行研究。

1）传递函数

对线性测量系统，输入和输出之间的关系可以用常系数线性微分方程来描述。但直接考察微分方程的特性比较困难。如果对微分方程两边取拉普拉斯变换，建立与其对应的传递函数的概念，就可以更简便、有效地描述测试系统特性与输入、输出的关系。

传递函数与微分方程两者完全等价，可以相互转化。考察传递函数所具有的基本特性，比考察微分方程的基本特性要容易得多。这是因为传递函数是一个代数有理分式函数，其特性容易识别与研究。

2）频率响应特性

用频率响应函数来描述系统的最大优点是它可以通过实验来求得。实验求得频率响应函数的原理，比较简单明了。依次用不同频率 ω_i 的简谐信号去激励被测系统，同时测出激励

和系统的稳态输出的幅值 X_i、Y_i 和相位差 ϕ_i。这样对于某个 ω_i,便有了一组 A_i 和 ϕ_i,全部的 $A_i\text{-}\omega_i$ 和 $\phi_i\text{-}\omega_i$,便可表达系统的频率响应函数。

也可在初始条件全为零的情况下,同时测得输入 $x(t)$ 和输出 $y(t)$,由其傅里叶变换$X(\omega)$ 和 $Y(\omega)$ 求得频率响应函数 $H(\omega)=Y(\omega)/X(\omega)$。

需要特别指出的是,频率响应函数是描述系统的简谐输入和相应的稳态输出的关系。因此,在测量系统频率响应函数时,应在系统响应达到稳态阶段时才进行测量。尽管频率响应函数是对简谐激励而言的,但任何信号都可分解成简谐信号的叠加,因而在任何复杂信号的输入下,系统频率特性也是适用的。这时幅频、相频特性分别表征系统对输入信号中各个频率分量幅值的缩放能力和相位角前后移动的能力。

3)脉冲响应函数

若装置的输入为单位脉冲 $\delta(t)$,因单位脉冲 $\delta(t)$ 的拉普拉斯变换为 1,因此,装置的输出 $y(t)$ 的拉普拉斯变换必将是 $H(s)$,即 $Y(s)=H(s)$,常称它为装置的脉冲响应函数或权函数,脉冲响应函数可视为系统特性的时域描述。

7.1.3　测试系统的级联和不失真传递信号条件

(1)测试系统的级联

两传递函数分别为 $H_1(s)$ 和 $H_2(s)$ 的环节串联而成的测试系统,其传递函数为

$$H(s)=\frac{Y(s)}{X(s)}=\frac{Z(s)}{X(s)}\times\frac{X(s)}{Z(s)}=H_1(s)\times H_2(s) \tag{7.3}$$

一般地,对由 n 个环节串联而成的系统,则系统传递函数为

$$H(s)=\prod_{i=1}^{n}H_i(s) \tag{7.4}$$

两传递函数分别为 $H_1(s)$ 和 $H_2(s)$ 的环节并联而成的测试系统,其传递函数为

$$H(s)=\frac{Y(s)}{X(s)}=\frac{Y_1(s)+Y_2(s)}{X(s)}=H_1(s)+H_2(s) \tag{7.5}$$

一般地,对由 n 个环节串联而成的系统,则系统传递函数为

$$H(s)=\sum_{i=1}^{n}H_i(s) \tag{7.6}$$

(2)不失真传递信号条件

设有一个测试系统,其输出 $y(t)$ 与输入 $x(t)$ 满足关系

$$y(t)=A_0x(t-t_0) \tag{7.7}$$

其中,A_0、t_0 都是常数,此式表明该测试系统的输出波形与输入信号波形精确地一致,只是幅值放大了 A_0 倍,在时间上延迟了 t_0 而已。在这种情况下,认为测试系统具有不失真的特性,据此来考察测试系统不失真测试的条件。

若要测试系统的输出波形不失真,则其幅频特性和相频特性应分别满足

$$A(\omega)=A_0=常数$$
$$\phi(\omega)=-t_0\omega \tag{7.8}$$

$A(\omega)$ 不等于常数时所引起的失真称为幅值失真,$\phi(\omega)$ 与 ω 之间的非线性关系所引起的失真称为相位失真。

应当指出的是,满足式(7.8)波形不失真的条件后,装置的输出仍滞后于输入一定的时间。如果测量的目的只是精确地测出输入波形,那么上述条件完全满足不失真测量的要求。如果测量的结果要用来作为反馈控制信号,那么还应注意输出对输入的时间滞后有可能破坏系统的稳定性。这时应根据具体要求,力求减小时间滞后。

实际测量装置不可能在非常宽广的频率范围内都满足上式的要求,所以通常测量装置既会产生幅值失真,也会产生相位失真。对于单一频率成分的信号,因为线性系统具有频率保持性,只要其幅值未进入非线性区,输出信号的频率也是单一的,也就无所谓失真问题。对于含有多种频率成分的,既引起幅值失真,又引起相位失真。对于实际测量装置,即使在某一频率范围内工作,也难以完全理想地实现不失真测量。人们只能努力把波形失真限制在一定的误差范围内。为此,首先要选用合适的测量装置,在测量频率范围内,其幅、相频率特性接近不失真测试条件。其次,对输入信号作必要的前置处理,及时滤去非信号频带内的噪声。

在装置特性的选择时也应分析并权衡幅值失真、相位失真对测量的影响。例如,在振动测量中,有时只要求了解振动中的频率成分及其强度,并不关心其确切的波形变化,只要求了解其幅值谱而对相位谱无要求。这时要注意的是测量装置的幅频特性。又如,某些测量要求测得特定波形的延迟时间,这时对测量装置的相频特性就应有严格的要求,以减小相位失真引起的测试误差。

在测量系统中,任何一个环节产生的波形失真,必然会引起整个系统最终输出波形失真。虽然各环节失真对最后波形的失真影响程度不一样,但原则上在信号频带内都应使每个环节基本满足不失真测量的要求。

7.2　信号及其描述

7.2.1　信号的分类

(1)根据物理性质分为非电信号和电信号

信息是包含在某些物理量中的,我们将物理量称为信号。在实际中,根据物理性质,可将信号分为非电信号和电信号。

非电信号:随时间变化的力、位移、速度等信号。

电信号:随时间变化的电流、电压、磁通等信号。

非电信号和电信号可以借助一定的装置互相转换。在实际中,对被测的非电信号通常都是通过传感器转换成电信号,再对此电信号进行测量。

(2)按信号在时域上变化的特性分为静态信号和动态信号

静态信号:在测量期间内其值可认为是恒定的信号。

动态信号:指瞬时值随时间变化的信号。

一般信号都是随时间变化的时间函数,即动态信号。动态信号又可根据信号值随时间变化的规律细分为确定性信号和随机信号。

(3)按信号取值情况分为连续信号和离散信号

连续信号:信号的数学表达式中的独立变量取值是连续的。

离散信号:信号的独立变量取离散值,不连续。将连续信号等时距采样后的结果就是离散信号。

7.2.2　信号的幅值域描述

信号的幅值域分析包括信号的幅值概率密度函数分析和幅值概率分布函数分析,它反映了信号落在不同幅值强度区域的概率密度和概率分布情况。

(1)概率密度函数

随机信号的概率密度函数定义为

$$p(x) = \lim_{\Delta x \to 0} \frac{P[x < x(t) \leq x + \Delta x]}{\Delta x} \tag{7.9}$$

对于各态历经过程

$$p(x) = \lim_{\Delta x \to 0} \frac{1}{\Delta x} \left[\lim_{\Delta x \to 0} \frac{T_x}{T} \right] \tag{7.10}$$

式中 $P[x < x(t) \leq x + \Delta x]$ 表示瞬时值落在增量 Δx 范围内可能出现的概率,所求得的概率密度函数 $p(x)$ 是信号 $x(t)$ 的幅值的函数。

(2)概率分布函数

概率分布函数是信号幅值小于或等于某值 R 的概率,其定义为

$$F(x) = \int_{-\infty}^{R} p(x)\,\mathrm{d}x \tag{7.11}$$

概率分布函数又称为累积概率,表示落在某一区间的概率,也可写为

$$F(x) = P[-\infty < x \leq R] \tag{7.12}$$

7.2.3　信号的频域描述

(1)周期信号的频谱

1)傅里叶三角级数展开式

$$x(t) = A_0 + \sum_{i=1}^{n} A_n \cos(n\omega_0 t - \varphi_n) \qquad A_n = \sqrt{a_n^2 + b_n^2}, \varphi_n = \arctan \frac{b_n}{a_n} \tag{7.13}$$

式(7.13)表明周期信号可以用一个常值分量 A_0 和无限多个谐波分量之和表示,基波的频率与信号的频率相同,高次谐波的频率为基频的整数倍。高次谐波又可分为奇次谐波和偶次谐波,这种把一个周期信号 $x(t)$ 分解为一个直流分量 A_0 和无数个谐波分量之和的方法称为傅里叶分析法。

2)复数傅里叶级数

傅里叶级数也可写成以下的复制数形式

$$x(t) = \sum_{n=-\infty}^{+\infty} C_n e^{jnw_0 t} \tag{7.14}$$

周期信号的频谱具有以下特点：

①离散性：频谱由不连续的谱线组成，每条谱线代表一个谐波分量，这种频谱称为离散频谱。

②谐波性：每条谱线只能出现在基波频率的整数倍时，谱线之间的间隔等于基频率的整数倍。

③收敛性：每个频率分量的谱线高度表示该谐波的幅值或相位角工程中常见的周期信号，其谐波幅度总的趋势是随谐波次数的增高而减小的。

（2）非周期信号的频谱

当周期信号的周期趋于无限大时，周期信号将演变成非周期信号。其傅里叶表达式为

$$x(t) = \int_{-\infty}^{\infty} X(f) e^{j2\pi ft} df \qquad X(f) = \int_{-\infty}^{\infty} x(t) e^{-j2\pi ft} dt \tag{7.15}$$

周期信号的频谱是离散的，当信号周期区域无限大时，周期信号就演变为非周期信号，谱线间的间隔趋于无限小量 $d\omega$，非连续变量 $n\omega_0$ 变成连续变量 ω，求和运算变成求积分运算。

总之，非周期信号的频谱可由傅里叶变换得到，它是频率的连续函数，故频谱为连续谱。

7.2.4 信号的相关分析和卷积

（1）信号的相关分析

1)相关函数

若 $x(t)$ 与 $y(t)$ 为功率信号，则其相关函数为

$$R_{xy}(\tau) = \lim_{T \to \infty} \int_{-\frac{T}{2}}^{\frac{T}{2}} x(t) y(t-\tau) dt \tag{7.16}$$

$$R_x(\tau) = \lim_{T \to \infty} \int_{-\frac{T}{2}}^{\frac{T}{2}} x(t) x(t-\tau) dt \tag{7.17}$$

相关函数描述了两个信号或一个信号自身不同时刻的相似程度，通过相关分析可以发现信号中许多有规律的东西。

2)相关函数的性质

根据定义，相关函数有如下性质：

①自相关函数是偶函数，即

$$R_x(\tau) = R_x(-\tau) \tag{7.18}$$

值得注意的是，互相关函数既不是偶函数，也不是奇函数，但满足下式

$$R_{xy}(\tau) = R_{yx}(-\tau) \tag{7.19}$$

②当 $\tau = 0$ 时,自相关函数具有最大值,此时

对于能量信号:

$$R_x(\tau) = \int_{-\infty}^{\infty} x^2(t)\,\mathrm{d}t \qquad (7.20)$$

对于功率信号:

$$R_x(\tau) = \int_{-\frac{T}{2}}^{\frac{T}{2}} x^2(t)\,\mathrm{d}t \qquad (7.21)$$

③两个非同频率的周期信号互不相关。

④随机信号的自相关函数将随 $|\tau|$ 值的增大而很快趋于零。

(2)信号的卷积分析

卷积积分是一种数学方法,在信号与系统的理论研究中占有重要的地位。特别是关于信号的时间域与频率域变换分析,它是沟通时域-频域的一个桥梁。因此,了解卷积积分的数学物理含义是很有必要的。

函数 $x(t)$ 与 $h(t)$ 的卷积积分定义为

$$x(t) = \int_{-\infty}^{\infty} x(\tau)h(t-\tau)\,\mathrm{d}\tau \qquad (7.22)$$

7.3　常用的传感器及敏感元件

传感器是借助于检测元件接收一种形式的信息,并按一定的规律将所获取的信息转换成另一种信息的装置。其获取的信息可以为各种物理量、化学量和生物量,而转换后的信息也可以有各种形式。目前传感器转换后的信号大多为电信号,因而从狭义上讲,传感器是把外界输入的非电信号转换成电信号的装置。一般也称传感器为变换器、换能器和探测器,其输出的电信号陆续输送给后续配套的测量电路及终端装置,以便进行电信号的调理、分析、记录或显示等。在一个自动化系统中,首先要能检测到信息,才能去进行自动控制,因此,传感器是很重要的装置。

传感器一般由敏感器件与其他辅助器件组成。敏感器件是传感器的核心,其作用是直接感受被测物理量,并将信号进行必要的转换输出。如应变式压力传感器的弹性膜片是敏感元件,其作用是将压力转换为弹性膜片的形变,并将弹性膜片的形变转换为电阻的变化而输出。传感器的种类繁多,在工程测试中,一种物理量可以用不同类型的传感器来检测,而同一种类型的传感器也可测量不同的物理量。

7.3.1　机械式传感器

机械式传感器是以弹性体作为敏感元件,将输入的物理量,如压力、温度等,转换为弹性元件本身的弹性变形输出的一种传感器。机械式传感器具有结构简单、使用方便和价格低廉等优点,但它也具有弹性元件的蠕变和弹性滞后现象,因此多适用于静态量或低频变化量的测量。

7.3.2 电阻式传感器

电阻式传感器的基本原理是将被测物理量的变化转换成电阻值的变化,再经相应的测量电路和装置显示或记录被测量值的变化。按其工作原理可分为变阻器式(电位器式)、电阻应变式传感器两种。

(1)变阻器式传感器

1)变阻器式传感器的工作原理

变阻器式传感器也称为电位器式传感器,其工作原理是将物体的位移转换为电阻的变化。常用电位器式传感器有直线位移型、角位移型和非线性型等。

2)变阻式传感器的优缺点和应用

变阻式传感器的优点:结构简单、尺寸小、质量小、价格低廉且性能稳定;受环境因素(如温度、湿度、电磁场干扰等)影响小;可以实现输出和输入间的任意函数关系;输出信号大,一般不需放大。其缺点:因为存在电刷与线圈或电阻膜之间的摩擦,因此需要较大的输入能量;因为磨损不仅影响使用寿命和降低可靠性,而且会降低测量精度,所以分辨力较低;动态响应较差,适合测量变化较缓慢的量。变阻式传感器常用来测量位移、压力、加速度等参量。

(2)电阻应变式传感器

1)应变式传感器的工作原理

电阻应变式传感器简称为电阻应变计,它是用高电阻率的细金属丝,绕成栅状敏感元件,用黏结剂牢固地粘在基底之间,敏感元件两端焊上较粗的引线。当将电阻应变计用特殊胶剂粘在被测构件的表面上时,则敏感元件将随构件一起变形,其电阻值也随之变化,而电阻的变化与构件的变形保持一定的线性关系,进而通过相应的二次仪表系统即可测得构件的变形。通过应变计在构件上的不同粘贴方式及电路的不同联接,即可测得应力、变形、扭矩等机械参数。

金属电阻应变片的工作原理是基于金属导体的应变效应,即金属导体在外力作用下发生机械变形时,其电阻值随着它所受机械变形(伸长或缩短)的变化而发生变化的现象。

2)电阻应变式传感器应用

电阻应变式传感器应用主要体现在以下两个方面:

①将应变片粘贴于被测构件上,直接用来测定构件的应变和应力。例如,为了研究或验证机械、桥梁、建筑等某些构件在工作状态下的应力、变形情况,可利用形状不同的应变片,粘贴在构件的预测部位,可测得构件的拉、压应力、扭矩或弯矩等,从而为结构设计、应力校核或构件破坏的预测等提供可靠的实验数据。

②将应变片贴于弹性元件上,与弹性元件一起构成应变式传感器。这种传感器常用来测量力、位移、加速度等物理参数。在这种情况下,弹性元件将被测物理量转换为成正比变化的应变,再通过应变片转换为电阻变化输出。

7.3.3　电感式传感器

电感式传感器的工作原理是基于电磁感应原理,它是把被测量转化为电感量的一种装置。按照转换方式的不同可分为自感式(包括可变磁阻式与涡流式)和互感式(差动变压器式)两种。

(1)可变磁阻式电感传感器

几种常用的可变磁阻式电感传感器的典型结构有可变导磁面积型、差动型、单螺管线圈型、双螺管线圈差动型。双螺管线圈差动型,较之单螺管线圈型有较高灵敏度及线性,被用于电感测微计上。这种传感器的线圈接于电桥上,构成两个桥臂,线圈电感 L_1、线圈电感 L_2 随铁芯位移而变化。

(2)涡流式电感传感器

涡流式电感传感器的变换原理是利用金属导体在交流磁场中的涡电流效应。涡流式电感传感器主要用于位移、振动、转速、距离、厚度等参数的测量,它可实现非线性测量。

(3)差动变压器式电感传感器

互感型电感传感器是利用互感的变化来反映被测量的变化。这种传感器实质上是一个输出电压可变的变压器。当变压器初级线圈输入稳定交流电压后,次级线圈便会有感应电压输出,该电压随被测量的变化而变化。

差动变压器式电感传感器是常用的互感型传感器,其结构形式有多种,以螺管形应用较为普遍。传感器主要由线圈、铁芯和活动衔铁 3 个部分组成。

7.3.4　电容式传感器

根据电容器参数变化的特性,电容式传感器可分为极距变化型、面积变化型和介质变化型 3 种,其中极距变化型和面积变化型应用较广。

7.3.5　压电式传感器

压电式传感器是一种可逆型换能器,它既可将机械能转换为电能,又可将电能转化为机械能。其工作原理是基于某些物质的压电效应。

某些物质(物体),如石英、铁酸钡等,当受到外力作用时,不仅几何尺寸会发生变化,而且内部也会被极化,表面会产生电荷;当外力去掉时,又重新回到原来的状态,这种现象称为压电效应。相反,如果将这些物质(物体)置于电场中,其几何尺寸也会发生变化,这种由外电场作用导致物质(物体)产生机械变形的现象,称为逆压电效应或电致伸缩效应。具有压电效应的物质(物体)称为压电材料(或称为压电元件)。常见的压电材料可分为两类,即压电单晶体和多晶体压电陶瓷。

7.3.6　磁电式传感器

磁电式传感器简称感应式传感器,也称电动式传感器。它把被测物理量的变化转变为感应电动势,是一种机-电能量变换型传感器,不需要外部供电电源,电路简单,性能稳定,输出阻抗小,又具有一定的频率响应范围,适用于振动、转速、扭矩等测量。但这种传感器的尺寸和质量都较大。

7.3.7 传感器选用原则

了解传感器的结构及其发展后,如何根据测试目的和实际条件,正确合理地选用传感器,也是需要认真考虑的问题。选择传感器主要考虑灵敏度、响应特性、线性范围、稳定性、精确度、测量方式 6 个方面的问题。

(1)灵敏度

一般说来,传感器灵敏度越高越好,因为灵敏度越高,就意味着传感器所能感知的变化量小,即只要被测量有一微小变化,传感器就有较大的输出。但是,在确定灵敏度时,要考虑以下几个问题:

其一,当传感器的灵敏度很高时,那些与被测信号无关的外界噪声也会同时被检测到,并通过传感器输出,从而干扰被测信号。因此,为了既能使传感器检测到有用的微小信号,又能使噪声干扰小,就要求传感器的信噪比越大越好。也就是说,要求传感器本身的噪声小,而且不易从外界引进干扰噪声。

其二,与灵敏度紧密相关的是量程范围。当传感器的线性工作范围一定时,传感器的灵敏度越高,干扰噪声越大,则难以保证传感器的输入在线性区域内工作。不言而喻,过高的灵敏度会影响其适用的测量范围。

其三,当被测量是一个向量,并且是一个单向量时,就要求传感器单向灵敏度越高越好,而横向灵敏度越小越好;如果被测量是二维或三维的向量,那么还应要求传感器的交叉灵敏度越小越好。

(2)响应特性

传感器的响应特性是指在所测频率范围内,保持不失真的测量条件。此外,实际上传感器的响应总不可避免地有一定延迟,只是希望延迟的时间越短越好。一般物性型传感器(如利用光电效应、压电效应等传感器)响应时间短,工作频率宽;而结构型传感器,如电感、电容、磁电等传感器,由于受到结构特性的影响和机械系统惯性质量的限制,其固有频率低,工作频率范围窄。

(3)线性范围

任何传感器都有一定的线性工作范围。在线性范围内输出与输入成比例关系,线性范围越宽,则表明传感器的工作量程越大。传感器工作在线性区域内,是保证测量精度的基本条件。例如,机械式传感器中的测力弹性元件,其材料的弹性极限是决定测力量程的基本因素,当超出测力元件允许的弹性范围时,将产生非线性误差。然而,对任何传感器,保证其绝对工作在线性区域内是不容易的。在某些情况下,在许可限度内,也可取其近似线性区域。例如,变间隙型的电容、电感式传感器,其工作区均选在初始间隙附近。而且必须考虑被测量变化范围,令其非线性误差在允许限度以内。

(4)稳定性

稳定性是表示传感器经过长期使用后,其输出特性不发生变化的性能。影响传感器稳定性的因素是时间与环境。

为了保证稳定性,在选择传感器时,一般应注意两个问题:其一,根据环境条件选择传感器。例如,选择电阻应变式传感器时,应考虑湿度会影响其绝缘性,湿度会产生零漂,长期使用会产生蠕动现象等。又如,对变极距型电容式传感器,因环境湿度的影响或油剂浸入间隙时,会改变电容器的介质。光电传感器的感光表面有尘埃或水汽时,会改变感光性质。其二,要创造或保持一个良好的环境,在要求传感器长期工作而不需经常更换或校准的情况下,应对传感器的稳定性有严格的要求。

(5)精确度

传感器的精确度是表示传感器的输出与被测量的对应程度。如前所述,传感器处于测试系统的输入端,因此,传感器能否真实地反映被测量,对整个测试系统具有直接的影响。然而,在实际中也并非要求传感器的精确度越高越好,还需考虑测量目的和经济性。因为传感器的精度越高,其价格就越昂贵,所以应从实际出发来选择传感器。

(6)测量方式

传感器在实际条件下的工作方式,也是选择传感器时应考虑的重要因素。例如,接触与非接触测量、破坏与非破坏测量、在线与非在线测量等,条件不同,对测量方式的要求也不同。

在机械系统中,对运动部件的被测参数(如回转轴的误差、振动、扭力矩),往往采用非接触测量方式。因为对运动部件采用接触测量时,有许多实际困难,诸如测量头的磨损、接触状态的变动、信号的采集等问题,都不易妥善解决,容易造成测量误差。这种情况下采用电容式、涡流式、光电式等非接触式传感器很方便,若选用电阻应变片,则需配以遥测应变仪。

在某些条件下,可运用试件进行模拟实验,从而可进行破坏性检验。然而有时无法用试件模拟,因被测对象本身就是产品或构件,这时宜采用非破坏性检验方法。例如,涡流探伤、超声波探伤、核辐射探伤以及声发射检测等。非破坏性检验可直接获得经济效益,因此应尽可能地选用非破坏性检测方法。

在线测试是与实际情况保持一致的测试方法。特别是对自动化过程的控制与检测系统,往往要求信号真实与可靠,必须在现场条件下才能达到检测要求。实现在线检测是比较困难的,对传感器与测试系统都有一定的特殊要求。例如,在加工过程中,实现表面粗糙度的检测,以往的光切法、干涉法、触针法等都无法运用,取而代之的是激光、光纤或图像检测法。研制在线检测的新型传感器,也是当前测试技术发展的一个方面。

除了以上选用传感器时应充分考虑的一些因素外,还应尽可能地兼顾结构简单、体积小、质量小、价格便宜、易于维修、易于更换等条件。

7.4　数据采集与调理

7.4.1　数据采集原理

(1)时域采集原理

频带为 F 的连续信号 $f(t)$ 可用一系列离散的采样值 $f(t_1)$, $f(t_1 \pm \Delta t)$, $f(t_1 \pm 2\Delta t)$ 来表示,

只要这些采样点的时间间隔 $\Delta t \leqslant 1/(2F)$，便可根据各采样值完全恢复原来的信号 $f(t)$，这是时域采样定理的一种表述方式。

时域采样定理的另一种表述方式：当时间信号函数 $f(t)$ 的最高频率分量为 FM 时，$f(t)$ 的值可由一系列采样间隔小于或等于 $1/(2FM)$ 的采样值来确定，即采样点的重复频率 $f \geqslant 2FM$。时域采样定理是采样误差理论、随机变量采样理论和多变量采样理论的基础。

（2）频域采集原理

对于时间上受限制的连续信号 $f(t)$（即当 $|t|>T$ 时，$f(t)=0$，这里 $T=T_2-T_1$ 是信号的持续时间），若其频谱为 $F(\omega)$，则可在频域上用一系列离散的采样值来表示，只要这些采样点的频率间隔 $\omega \leqslant \pi/(TM)$。

7.4.2　信号的调理

模拟信号的变换与处理是直接对连续时间信号进行分析处理的过程，是利用一定的数学模型所组成的运算网络来实现的。从广义上讲，它包括了调制、滤波、放大、微积分、乘方、开方、除法运算等。模拟信号分析的目的是便于信号的传输与处理，例如，信号调制后的放大与远距离传输；利用信号滤波实现剔除噪声与频率分析；对信号的运算估值，以获取特征参数等。

尽管数字信号分析技术已经获得了很大发展，但模拟信号分析仍然是不可少的，即使在数字信号分析系统中，也要加入模拟分析设备。例如，对连续时间信号进行数字分析之前的抗频混滤波，信号处理以后的模拟显示记录等。

传感器输出的电信号，大多数不能直接输送到显示、记录或分析仪器中去。其主要原因是大多数传感器输出的电信号很微弱，需要进一步放大，有的还要进行阻抗变换；有些传感器输出的是电参量，要转换为电能量；输出信号中混杂有干扰噪声，需要去掉噪声，提高信噪比；若测试工作仅对部分频段的信号感兴趣，则有必要从输出信号中分离出所需的频率成分；当采用数字式仪器、仪表和计算机时，模拟输出信号还要转换为数字信号等。因此，传感器的输出信号要经过适当的调理，使之与后续测试环节相适应。常用的信号调理环节有电桥、放大器、滤波器、调制器与解调器等。尽管各类放大器的知识在有关电子电路课程中已有详细介绍，但由于信号放大是信号调理的最基本内容，因此在本章中仍对放大电路作一个简要的回顾。本节主要介绍放大、滤波、调制与解调等常用模拟信号调理方法的基本知识。

（1）电桥

当传感器把被测量转换为电路或磁路参数的变化后，电桥可以把这种参数变化转变为电桥输出电压的变化。电桥按其电源种类的不同可分为直流电桥和交流电桥。直流电桥只能用于测量电阻的变化，而交流电桥可用于测量电阻、电感和电容的变化。

当电桥输出端接入的仪表或放大器的输入阻抗足够大时，可认为其负载阻抗为无穷大。这时把电桥称为电压桥；当其输入阻抗与内电阻匹配时，满足最大功率传输条件，这时电桥被称为功率桥或电流桥。

（2）放大电路

对信号的放大有很多种电路可以实现，但工程测试中所遇到的信号，多为 100 kHz 以下的低频信号,在大多数情况下,都可用放大器集成芯片来设计放大电路。

集成运算放大器可作为一个器件构成各种基本功能的电路。这些基本电路又可作为单元电路组成电子应用电路。

(3)滤波器

根据滤波器的选频作用分类,有低通滤波器、高通滤波器、带通滤波器和带阻滤波器。

(4)信号的调制与解调

在测试技术中,调制是工程测试信号在传输过程中常用的一种调理方法,主要是为了解决微弱缓变信号的放大以及信号的传输问题。例如,被测物理量(如温度、位移、力等参数)经过传感器交换以后,多为低频缓变的微弱信号,对这样一类信号,直接送入直流放大器或交流放大器放大会遇到困难,因为,采用级间直接耦合式的直流放大器放大,将会受到零点漂移的影响。当漂移信号大小接近或超过被测信号时,经过逐级放大后,被测信号会被零点漂移淹没。为了很好地解决缓变信号的放大问题,信息技术中采用了一种对信号进行调制的方法,即先将微弱的缓变信号加载到高频交流信号中去,然后利用交流放大器进行放大,最后再从放大器的输出信号中取出放大了的缓变信号。上述信号传输中的变换过程称为调制与解调。在信号分析中,信号的截断、窗函数加权等,也是一种振幅调制;在声音信号测量中,由回声效应所引起的声音信号叠加、乘积、卷积,其中声音信号的乘积就属于调幅现象。

信号调制的类型,一般正(余)弦调制可分为幅度调制、频率调制、相位调制 3 种,简称为调幅 AM、调频 FM、调相 PM。

7.5　典型测试系统

7.5.1　振动测试

振动是物体在其平衡位置附近的一种交变运动,可以用运动的位移、速度或加速度随时间的变化来描述。振动的测试就是检测振动变化量,从中提取表征振动过程特征和振动系统特性的有用信息。

机械振动是工程技术和日常生活中常见的物理现象。振动具有有害的一面,也具有有利的一面。

有害:振动破坏机器的正常工作、缩短机器的使用寿命,产生破坏机械结构和建筑物的动载荷,并直接地或通过噪声间接地危害人类的健康。

有利:利用振动输送振动破碎、振动时效、振动加工等。

不管振动是有害的还是有利的。大部分设备都力求将其振动量控制在允许的范围之内,将其影响尽量限制在有限的空间范围之内,以免危害人类和其他结构。

现代工业对各种高新机电产品提出了低振动、低噪声、高抗振的要求,因此,必须对它们进行振动分析、试验和振动设计或者通过振动测量找出振动源,采取减振措施。机械振动测试技术是机械振动学科的重要内容之一,对复杂的机械系统,即使在理论研究已发展到很高水平的今天,其动态特性参数无法用理论公式正确计算出来,振动试验和测量是唯一的求解方法。由于电子技术和计算机技术的应用,现代振动测试技术的应用已超出了经典机械振动的领域,已应用到各种物理现象的检测、分析、预报和控制中,如环境噪声的监测、地震预报与分析、地质勘查和矿藏探测、飞行器的监测与控制等。

振动的幅值、频率和相位是振动的 3 个基本参数,称为振动三要素。

幅值:是振动强度的标志,它可以用峰值、有效值、平均值等不同的方法表示。

频率:不同的频率成分反映系统内不同的振源。通过频谱分析可以确定主要频率成分及其幅值大小,从而寻找振源,采取相应的措施。

相位:振动信号的相位信息十分重要,如利用相位关系确定共振点、测量振型、旋转件动平衡、有源振动控制、降噪等。对于复杂振动的波形分析,各谐波的相位关系是不可缺少的。

7.5.2 噪声测试

噪声测量的常用仪器主要包括传声器、声级计、频率分析仪、校准器等。

(1)简易级检测

常用普通声级计(也称噪声计)检测设备的噪声。现场检测时,首先估算设备尺寸,然后确定测点的位置。

设被检测的设备最大尺寸为 D,其测试点的位置如下:

$D < 1$ m 时,测试点离设备表面为 30 cm。

$D = 1$ m 时,测试点离设备表面为 1 m。

$D > 1$ m 时,测试点离设备表面为 3 m。

一般设备选 4 个测试点,大型设备选 6 个测试点。

测试高度一般为:小设备为设备高度的 2/3 处;中设备为设备高度的 1/2 处;大设备为设备高度的 1/8 处。

一般来说,测试环境要求有时不易满足,这时测试仅起到估计作用。

(2)工程级检测

此方法利用规定的时间计权和通过倍频程来进行计算 A 计权值。根据噪声源的特性及工作环境来选择测量点和测量频率范围。

(3)精密级检测

此方法要求在可控制声学环境下测量,如消音室、半消声室等的实验室条件下。

1)背景噪声要求

在测量表面上所有传声器位置和测试频率范围内的每个频带,背景噪声级应比被测声源工作时的声压级低 10 dB。

2)温度要求

测试时的空气温度范围为 15~30 ℃。注:温度范围限定是为了保证对不同噪声源的噪声测试时其偏差小于 0.2 dB。

3）湿度修正

空气温度范围为 15~30 ℃，湿度的最大修正量近似为 0.04 dB，可以忽略不计。

4）校准

每次测量前，应采用 1 级准确度的声校准器来校准传声器，条件允许时，在测量频率范围内一个或多个频率上进行整个测量系统的校验。

5）被测声源的安装与运行

被测声源安装在支架或硬平面（地面或墙壁）上，且处于消声室的中心位置。确保被测声源的辅助部件（电缆线）不向消声室辐射显著的声能。将其尽可能置于消声室外。

声源按操作规范运行。

6）传声器位置

传声器应垂直指向测量表面。传声器的位置放于距中心点距离为大于 0.5 m。且测试 4 个方向，前、后、左、右，高度为声源设备的 1/2 处。

7）测量数据

对中心频率等于或小于 160 Hz 的频带，测量时间至少为 30 s，对 A 计权声压级和中心频率等于或大于 200 Hz 的频带，测量时间至少为 10 s，数据应至少在声源的 5 个周期上进行平均。

7.5.3　应变、扭矩测试

（1）应变测试

1）基本原理

把所使用的应变片按构件的受力情况，合理地粘贴在被测构件变形的位置上，当构件受力产生变形时，应变片敏感栅也随之变形，敏感栅的电阻值就发生相应的变化。其变化量的大小与构件变形成一定的比例关系，通过测量电路（如电阻应变测量装置）转换为与应变成比例的模拟信号，经过分析处理，最后得到受力后的应力、应变值或其他物理量。

2）应变测试装置

应变测试装置也称为电阻应变仪。一般采用调幅放大电路，它由电桥、前置放大器、功率放大器、相敏检波器、低通滤波器、振荡器、稳压电源组成。电阻应变仪将应变片的电阻变化转换为电压（或电流）的变化，然后通过放大器将此微弱的电压（或电流）信号进行放大，以便指示和记录。

静态电阻应变仪：用于静态载荷作用下的应变测量，以及变化十分缓慢或变化后能很快稳定下来的应变测量。

静动态电阻应变仪：以静态应变测量为主，兼作 200 Hz 以下的低频动态测量。

动态电阻应变仪：用于 0~2 kHz 的动态应变测量。

超动态电阻应变仪：用于 0~20 kHz 的动态过程和爆炸、冲击等瞬态变化过程中的动态应变测量。

（2）扭矩测试

转轴受扭矩作用后，产生扭转变形，两横截面的相对扭转角与扭矩成正比。利用光电式、感应式等传感器可以测得相对扭转角,从而测得扭矩。

应变式扭矩传感器基本原理:应变式扭矩传感器所测得的是在扭矩作用下转轴表面的主应变。从材料力学得知,该主应变和所受到的扭矩成正比。也可利用弹性体把转矩转换为角位移,再由角位移转换成电信号输出。

其他常见的扭矩传感器主要有光电式扭矩传感器、感应式扭矩传感器、压磁式扭矩传感器。

7.5.4 位移测试

位移是指物体上某一点在一定方向上的变动量,是一个向量。位移是线位移和角位移的统称。在机械工程中不仅经常要求精确地测量零部件的位移和位置,而且力、扭矩、速度、加速度、流量等许多参数的测量,也是以位移测量为基础的。

位移测试的典型应用:
①回转轴径向运动误差测量。
②厚度的测量。
③物位的测量,如电阻式液位计,通过测量阻值的变化来得到其液位高度的变化。

7.5.5 力的测试

当力施加于某一物体后,将产生两种效应:一是使物体变形的效应;二是使物体的运动状态改变的效应。

由胡克定律可知,弹性物体在力的作用下产生变形时,若在弹性范围内,物体所产生的变形量与所受的力值成正比。因此,只需通过一定手段测出物体的弹性变形量,就可间接确定物体所受力的大小。

物体受到力的作用时,产生相应的加速度。由牛顿第二定律可知,当物体质量确定后,该物体所受的力和所产生的加速度,二者之间具有确定的对应关系。只需测出物体的加速度,就可间接测得力值。

机械工程中,大部分测力方法都是基于物体的受力变形效应。

常见的力测量传感器主要有圆柱式电阻应变式力传感器、梁式拉压力传感器、差动变压器式力传感器、压磁式力传感器、压电式力传感器。

7.6 教学实验

7.6.1 金属箔式应变片—单臂电桥性能实验

(1)实验目的
了解金属箔式应变片的应变效应,单臂电桥的工作原理和性能。

（2）实验仪器

应变传感器实验模块、托盘、砝码、数显电压表、±15 V、±5 V 电源、万用表（自备）。

（3）实验原理

电阻丝在外力作用下发生机械变形时，其电阻值发生变化，这就是电阻应变效应，描述电阻应变效应的关系式为

$$\frac{\Delta R}{R} = k \cdot \varepsilon \tag{7.23}$$

式中　$\dfrac{\Delta R}{R}$——电阻丝电阻相对变化；

　　　　k——应变灵敏系数；

　　　　$\varepsilon = \dfrac{\Delta l}{l}$——电阻丝长度相对变化。

金属箔式应变片就是通过光刻、腐蚀等工艺制成的应变敏感组件。如图 7.3 所示，将 4 个金属箔应变片分别贴在双孔悬臂梁式弹性体的上下两侧，弹性体受到压力发生形变，应变片随弹性体形变被拉伸或被压缩。

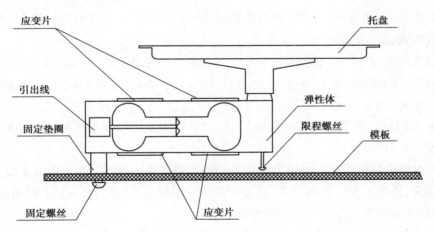

图 7.3　双孔悬臂梁式称重传感器结构图

通过这些应变片转换弹性体被测部位的受力状态变化，电桥的作用完成电阻到电压的比例变化，如图 7.4 所示，$R_5 = R_6 = R_7 = R$ 为固定电阻，与应变片一起构成一个单臂电桥，其输出电压为

$$U_o = \frac{E}{4} \times \frac{\dfrac{\Delta R}{R}}{1 + \dfrac{1}{2} \times \dfrac{\Delta R}{R}} \tag{7.24}$$

式中　E——电桥电源电压。

式（7.24）表明单臂电桥输出为非线性，非线性误差为 $L = -\dfrac{1}{2} \times \dfrac{\Delta R}{R} \times 100\%$。

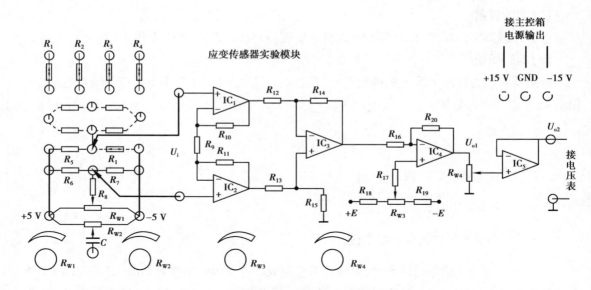

图 7.4　单臂电桥面板接线图

（4）实验内容与步骤

①应变传感器上的各应变片已分别接到应变传感器模块左上方的 R_1,R_2,R_3,R_4 上,可用万用表测量判别, $R_1=R_2=R_3=R_4=350\ \Omega$。

②差动放大器调零。从主控台接入±15 V、±5 V电源,检查无误后,合上主控台电源开关,将差动放大器的输入端 U_i 短接,输出端 U_{o2} 接数显电压表(选择2 V挡)。调节电位器 R_{w3} 使电压表显示为0 V。关闭主控台电源。

③按图7.4连线,将应变式传感器的其中一个应变电阻(如 R_1)接入电桥与 R_5,R_6,R_7 构成一个单臂直流电桥。

④加托盘后电桥调零。电桥输出接到差动放大器的输入端 U_i,检查接线无误后,合上主控台电源开关,预热5 min,先调节 R_{w1} 使电压表显示近似为零,再调节 R_{w4} 约中间位置。

备注:在后面的测量过程中不能再改变 R_{w1} 和 R_{w3}。

⑤在应变传感器托盘上放置一只砝码,读取数显表数值,依次增加砝码和读取相应的数显表值,直到200 g砝码加完,记下实验结果,填入下表。

质量/g											
电压/mV											

⑥实验结束后,关闭实验台电源,整理好实验设备。

（5）实验报告

①根据实验所得数据计算系统灵敏度 $S=\Delta U/\Delta W$(ΔU 为输出电压变化量, ΔW 为质量变化量)。

②计算单臂电桥的非线性误差 $\delta_{f1}=\Delta m/y_{F.s}\times100\%$。

式中, Δm 为输出值(多次测量时为平均值)与拟合直线的最大偏差; $y_{F.s}$ 为满量程(200 g)输出平均值。

（6）注意事项

实验所采用的弹性体为双孔悬臂梁式称重传感器,量程为 1 kg,最大超程量为 120%。因此,加在传感器上的压力不应过大,以免造成应变传感器的损坏!

7.6.2　金属箔式应变片—半桥性能实验

（1）实验目的

比较半桥与单臂电桥的不同性能,了解其特点。

（2）实验仪器

应变传感器实验模块、托盘、砝码、数显电压表、±15 V、±5 V 电源、万用表（自备）。

（3）实验原理

不同受力方向的两只应变片接入电桥作为邻边,如图 7.5 所示。电桥输出灵敏度提高,非线性得到改善,当两只应变片的阻值相同、应变数也相同时,半桥的输出电压为

$$U_{\circ} = \frac{E \cdot k \cdot \varepsilon}{2} = \frac{E}{2} \cdot \frac{\Delta R}{R} \tag{7.25}$$

式中　$\dfrac{\Delta R}{R}$——电阻丝电阻相对变化;

　　　　k——应变灵敏系数;

　　　　$\varepsilon = \dfrac{\Delta l}{l}$——电阻丝长度相对变化;

　　　　E——电桥电源电压。

式（7.25）表明,半桥输出与应变片阻值变化率呈线性关系。

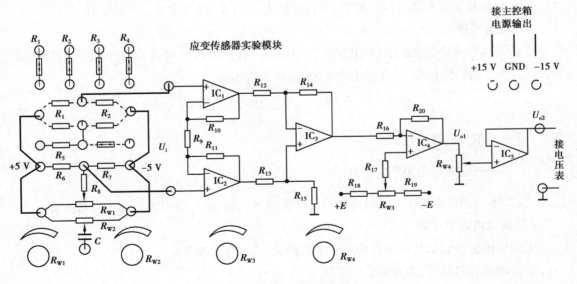

图 7.5　半桥面板接线图

（4）**实验内容与步骤**

①应变传感器已安装在应变传感器实验模块上，可参考图7.3。

②差动放大器调零，参考实验一步骤2。

③按图7.5接线，将受力相反（一片受拉，一片受压）的两只应变片接入电桥的邻边。

④加托盘后电桥调零，参考实验一步骤4。

⑤在应变传感器托盘上放置一只砝码，读取数显表数值，依次增加砝码和读取相应的数显表值，直到200 g砝码加完，记下实验结果，填入下表。

质量/g									
电压/mV									

⑥实验结束后，关闭实验台电源，整理好实验设备。

（5）**实验报告**

根据所得实验数据，计算灵敏度 $L = \Delta U / \Delta W$ 和半桥得非线性误差 δ_{f2}。

（6）**思考题**

引起半桥测量时非线性误差的原因是什么？

7.6.3　金属箔式应变片—全桥性能实验

（1）**实验目的**

了解全桥测量电路的优点。

（2）**实验仪器**

应变传感器实验模块、托盘、砝码、数显电压表、±15 V、±5 V电源、万用表（自备）。

（3）**实验原理**

全桥测量电路中，将受力性质相同的两只应变片接到电桥的对边，不同的接入邻边，如图7.6，当应变片初始值相等，变化量也相等时，其桥路输出为

$$U_{o} = E \cdot \frac{\Delta R}{R} \tag{7.26}$$

式中　E——电桥电源电压；

$\dfrac{\Delta R}{R}$——电阻丝电阻相对变化。

式（7.26）表明，全桥输出灵敏度比半桥又提高了一倍，非线性误差得到进一步改善。

（4）**实验内容与步骤**

①应变传感器已安装在应变传感器实验模块上，可参考图7.3。

②差动放大器调零，参考实验一步骤2。

③按图7.6接线，将受力相反（一片受拉，一片受压）的两对应变片分别接入电桥的邻边。

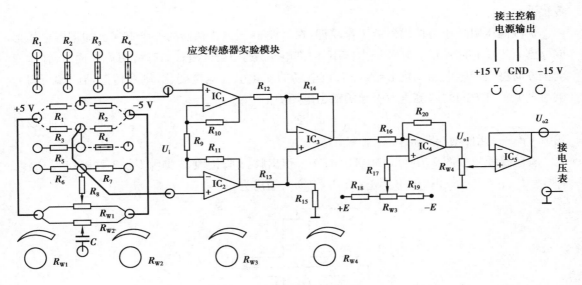

图 7.6　全桥面板接线图

④加托盘后电桥调零,参考实验一步骤 4。

⑤在应变传感器托盘上放置一只砝码,读取数显表数值,依次增加砝码和读取相应的数显表值,直到 200 g 砝码加完,记下实验结果,填入下表。

质量/g										
电压/mV										

⑥实验结束后,关闭实验台电源,整理好实验设备。

(5)实验报告

根据实验数据,计算灵敏度 $L = \Delta U / \Delta W$ 和全桥的非线性误差 δ_{f3}。

(6)思考题

在全桥测量中,当两组对边(R_1、R_3 为对边)电阻值 R 相同时,即 $R_1 = R_3$,$R_2 = R_4$,而 $R_1 \neq R_2$ 时,是否可以组成全桥?

7.6.4　扩散硅压阻式压力传感器的压力测量实验

(1)实验目的

了解扩散硅压阻式压力传感器测量压力的原理与方法。

(2)实验仪器

压力传感器模块、数显直流电压表、直流稳压源+5 V、±15 V。

(3)实验原理

在具有压阻效应的半导体材料上用扩散或离子注入法,摩托罗拉公司设计出 X 形硅压力传感器如图 7.7 所示:在单晶硅膜片表面形成 4 个阻值相等的电阻条。并将它们连接成惠斯通电桥,电桥电源端和输出端引出,用制造集成电路的方法封装起来,制成扩散硅压阻式压力传感器。

扩散硅压阻式压力传感器的工作原理:在 X 形硅压力传感器的一个方向上加偏置电压形成电流 i,当敏感芯片没有外加压力作用,内部电桥处于平衡状态,当有剪切力作用时,在垂直电流方向将会产生电场变化 $E = \Delta\rho \cdot i$,该电场的变化引起电位变化,则在传感器两端可得到被与电流垂直方向的两侧压力引起的输出电压 U_o。

$$U_o = d \cdot E = d \cdot \Delta\rho \cdot i \tag{7.27}$$

式中 d——元件两端距离。

实验接线图如图 7.7 所示,MPX10 有 4 个引出脚,1 脚接地、2 脚为 U_{o+}、3 脚接+5 V 电源、4 脚为 U_{o-};当 $P_1 > P_2$ 时,输出为正;当 $P_1 < P_2$ 时,输出为负。

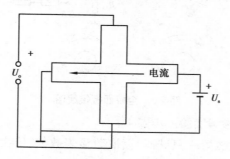

图 7.7　扩散硅压阻式压力传感器原理图

(4)实验内容与步骤

①接入+5 V、±15 V 直流稳压电源,模块输出端 U_{o2} 接控制台上数显直流电压表,选择 20 V 挡,打开实验台总电源。

②调节 R_{w3} 到中间位置并保持不动,用导线将差动放大器的输入端 U_i 短路,然后调节 R_{w2} 使直流电压表 200 mV 挡显示为零,取下短路导线。

③气室 1、2 的两个活塞退回到刻度"17"的小孔后,使两个气室的压力相对大气压均为 0,气压计指在"零"刻度处,将 MPX10 的输出接到差动放大器的输入端 U_i,调节 R_{w1} 使直流电压表 200 mV 挡显示为零。

④保持负压力输入,P_2 压力零不变,增大正压力输入 P_1 的压力到 0.01 MPa,每隔 0.005 MPa 记下模块输出 U_{o2} 的电压值。直到 P_1 的压力达到 0.095 MPa,填入下表。

P/kPa									
U_{o2}/V									

⑤保持正压力输入 P_1 压力 0.095 MPa 不变,增大负压力输入 P_2 的压力,从 0.01 MPa 每隔 0.005 MPa 记下模块输出 U_{o2} 的电压值。直到 P_2 的压力达到 0.095 MPa,填入下表。

P/kPa									
U_{o2}/V									

⑥保持负压力输入 P_2 压力 0.095 MPa 不变,减小正压力输入 P_1 的压力,每隔 0.005 MPa 记下模块输出 U_{o2} 的电压值。直到 P_1 的压力为 0.005 MPa,填入下表。

P/kPa								
U_{o2}/V								

⑦保持正压力输入 P_1 压力 0 MPa 不变,减小负压力输入 P_2 的压力,每隔 0.005 MPa 记下模块输出 U_{o2} 的电压值。直到 P_2 的压力为 0.005 MPa,填入下表。

P/kPa								
U_{o2}/V								

⑧实验结束后,关闭实验台电源,整理好实验设备。

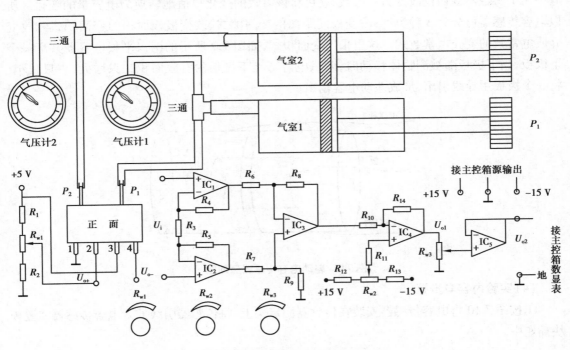

图 7.8　扩散硅压力传感器接线图

(5)实验报告

根据实验所得数据,计算压力传感器输入 $P(P_1-P_2)$-输出 U_{o2} 曲线。计算灵敏度 $L=\Delta U/\Delta P$,非线性误差 δ_{f}。

7.6.5　电容式传感器的位移特性实验

(1)实验目的

了解电容传感器的结构及特点,熟悉电容传感器的位移测量原理。

（2）**实验仪器**

电容传感器、电容传感器模块、测微头、数显直流电压表、直流稳压电源、绝缘护套。

（3）**实验原理**

电容式传感器是指能将被测物理量的变化转换为电容量变化的一种传感器，它实质上是具有一个可变参数的电容器。利用平板电容器原理：

$$C = \frac{\varepsilon S}{d} = \frac{\varepsilon_0 \cdot \varepsilon_r \cdot S}{d} \tag{7.28}$$

式中　S——极板面积；

　　　d——极板间距离；

　　　ε_0——真空介电常数；

　　　ε_r——介质相对介电常数。

由此可以看出，当被测物理量使 S，d 或 ε_r 发生变化时，电容量 C 随之发生改变，如果保持其中两个参数不变而仅改变另一参数，就可将该参数的变化单值地转换为电容量的变化。所以电容传感器可分为 3 种类型：改变极间距离的变间隙式、改变极板面积的变面积式和改变介质电常数的变介电常数式。这里采用变面积式，如图 7.9 所示的两只平板电容器共享一个下极板，当下极板随被测物体移动时，两只电容器上下极板的有效面积一只增大、一只减小，将 3 个极板用导线引出，形成差动电容输出。

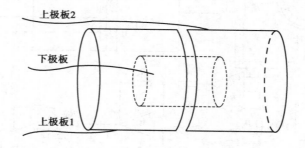

图 7.9　差动电容传感器原理图

（4）**实验内容与步骤**

①按图 7.10 将电容传感器安装在传感器固定架上，将传感器引线插入电容传感器实验模块插座中。

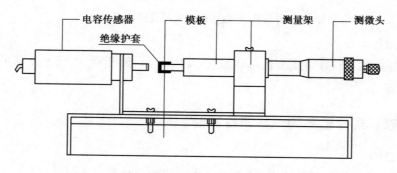

图 7.10　电容传感器安装示意图

②将电容传感器模块的输出 U_o 接到数显直流电压表。

③将实验台上±15 V 电源接到传感器模块上。检查接线无误后,开启实验台电源,用电压表 2 V 挡测量"电容传感器模块"的输出,将电容传感器调至中间位置,调节 R_w,使得数显直流电压表显示为 0(2 V 挡)(R_w 确定后不要改动)。

④旋动测微头推进电容传感器的共享极板(下极板),每隔 0.2 mm 记下位移量 X 与输出电压值 V 的变化,填入下表。

X/mm	−1.0	−0.8	−0.6	−0.4	−0.2	0	0.2	0.4	0.6	0.8	1.0
V/mV											

(5)实验报告

根据表中数据,计算电容传感器的系统灵敏度 S 和非线性误差 δ_f。

7.6.6　霍尔测速实验

(1)实验目的

了解霍尔组件的应用——测量转速。

(2)实验仪器

霍尔传感器、+5 V、0~30 V 直流电源、转动源、频率/转速表。

(3)实验原理

利用霍尔效应表达式:$U_H = K_H IB$,当被测圆盘上装有 N 只磁性体时,转盘每转一周磁场变化 N 次,每转一周霍尔电势就同频率相应变化,输出电势通过放大、整形和计数电路就可测出被测旋转物的转速。

(4)实验内容与步骤

①根据图 7.11,霍尔传感器已安装在传感器支架上,且霍尔组件正对着转盘上的磁钢。

②将+5 V 电源接到转动源上"霍尔"输出的电源端,"霍尔"输出接到频率/转速表(切换到测转速位置)。"0~30 V"直流稳压电源接到"转动源"的"转动电源"输入端(输出电压调到零)。

③合上实验台上电源,调节 0~30 V 输出,可以观察到转动源转速的变化,也可通过虚拟示波器的第一通道 AD_1,用虚拟示波器软件观测霍尔组件输出的脉冲波形。

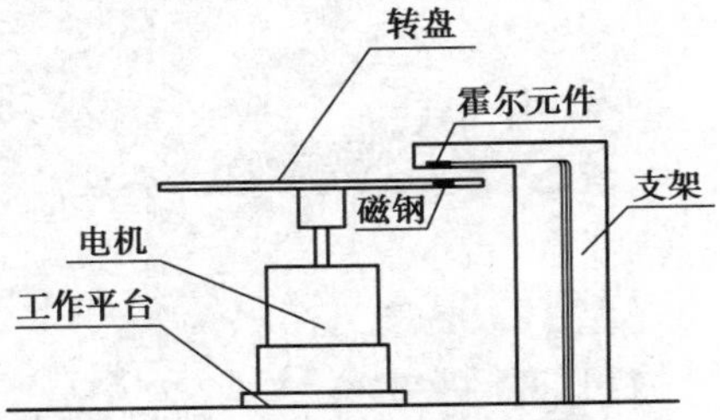

图 7.11　霍尔传感器安装示意图

(5)实验报告

分析霍尔组件产生脉冲的原理。

7.6.7　波形的合成和分解实验

(1)实验目的

①加深了解信号分析手段之一的傅里叶变换的基本思想和物理意义。

②观察和分析由多个频率、幅值和相位成一定关系的正弦波叠加的合成波形。

③观察和分析频率、幅值相同,相位角不同的正弦波叠加的合成波形。

④通过本实验,熟悉信号的合成及分解原理,了解信号频谱的含义。

(2)实验仪器

①计算机 1 台。

②DRVI 快速可重组虚拟仪器平台 1 套。

③打印机 1 台。

(3)实验原理

按傅里叶分析的原理,任何周期信号都可用一组三角函数的组合表示,也就是说,我们可以用一组正弦波和余弦波来合成任意形状的周期信号。比如,常见的周期方波是由一系列频率成分成谐波关系,幅值成一定比例,相位角为 0 的正弦波叠加合成的。那么,在实验过程中就可通过设计一组奇次正弦波来完成方波信号的合成,同理,对三角波、锯齿波等周期信号也可用一组正弦波和余弦波信号来合成。

(4)实验内容与步骤

用前 5 项谐波近似合成一个频率为 100 Hz、幅值为 600 的方波。

①运行 DRVI 主程序,单击 DRVI 快捷工具条上的"联机注册"图标,选择其中的"DRVI、采集仪主卡检测"或"网络在线注册"进行软件注册,如图 7.12 所示。

②在 DRVI 软件平台的地址信息栏中输入 Web 版实验指导书的地址,如"http://服务器 IP 地址/GccsLAB/index.htm",在实验目录中选择"波形合成与分解实验",建立实验环境。

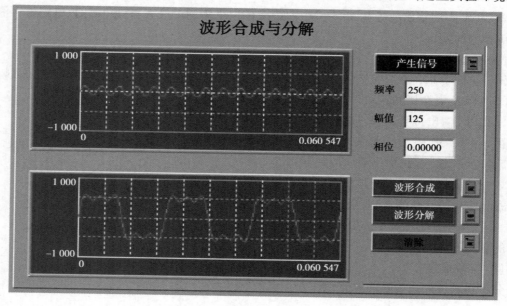

图 7.12　波形合成与分解实验环境

下面是该实验的装配图和信号流图,图 7.13 中的线上数字为连接软件芯片的软件总线数据线号,6015、6029、6040、6043 为定义的 4 片脚本芯片的名字。

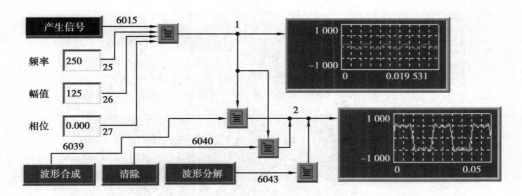

图 7.13　波形合成与分解实验装配图

③按公式叠加正弦波信号,观察合成信号波形的变化。

(5)实验报告

①简述实验目的和原理,画出扩展频谱功能后的虚拟仪器装配图。

②拷贝实验系统运行界面,插入 Word 格式的实验报告中,并附上所设计的虚拟仪器脚本文件,用 WinZip 压缩后通过 E-mail 上交实验报告。

7.6.8　典型信号的频谱分析实验

(1)实验目的

①在理论学习的基础上,通过本实验熟悉典型信号的频谱特征,并能够从信号频谱中读取所需的信息。

②了解信号频谱分析的基本原理和方法,掌握用频谱分析提取测量信号特征的方法。

(2)实验仪器

①计算机 1 台。

②DRVI 快速可重组虚拟仪器平台 1 套。

③打印机 1 台。

(3)实验原理

信号频谱分析是采用傅里叶变换将时域信号 $x(t)$ 变换为频域信号 $X(f)$,从而帮助人们从另一个角度来了解信号的特征。信号频谱 $X(f)$ 代表了信号在不同频率分量成分的大小,能够提供比时域信号波形更直观、丰富的信息。

(4)实验内容与步骤

①运行 DRVI 主程序,单击 DRVI 快捷工具条上的"联机注册"图标,选择其中的"DRVI、采集仪主卡检测"或"网络在线注册"进行软件注册,如图 7.14 所示。

②在 DRVI 软件平台的地址信息栏中输入 Web 版实验指导书的地址,在实验目录中选择"典型信号频谱分析",建立实验环境。

③从信号图观察典型信号波形与频谱的关系,从谱图中解读信号中携带的频率信息。

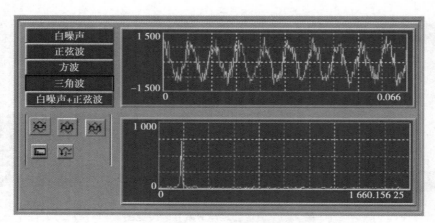

图 7.14　典型信号的频谱分析实验环境

（5）实验报告

①简述实验目的和原理,画出扩展频谱功能后的虚拟仪器装配图。

②拷贝实验系统运行界面,插入 Word 格式的实验报告中,并附上所设计的虚拟仪器脚本文件,用 WinZip 压缩后通过 E-mail 上交实验报告。

7.6.9　转子实验台综合实验

（1）实验目的

通过本实验让学生掌握回转机械转速、振动、轴心轨迹测量方法,了解回转机械动平衡的概念和原理。

（2）试验台简介

DRZZS-A 型多功能转子试验台,由底座、主轴、飞轮、直流电机、主轴支座、含油轴承及油杯、电机支座、联轴器及护罩、RS9008 电涡流传感器支架、磁电转速传感器支架、测速齿轮（15齿）、保护挡板支架几个部分组成,如图 7.15 所示。

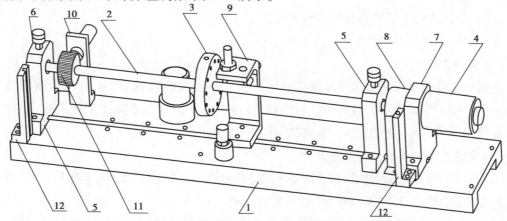

图 7.15　DRZZS-A 型多功能转子试验台传感器安装位置示意图

1—底座;2—主轴;3—飞轮;4—直流电机;5—主轴支座;6—含油轴承及油杯;7—电机支座;8—联轴器及护罩;
9—RS9008 电涡流传感器支架;10—磁电转速传感器支架;11—测速齿轮(15 齿);12—保护挡板支架

与 DRVI 软件平台结合,可以开设以下实验:

①加速度传感器/速度传感器振动测量实验。

②磁电传感器/光电传感器转速测量。

③三点加重法转子动平衡实验。

④转子轴心轨迹测量实验。

(3) **实验内容与步骤**

①关闭 DRDAQ-USB 型数据采集仪电源,将需使用的传感器连接到采集仪的数据采集通道上(禁止带电从采集仪上插拔传感器,否则会损坏采集仪和传感器)。

②开启 DRDAQ-USB 型数据采集仪电源。

③运行 DRVI 主程序,单击 DRVI 快捷工具条上的"联机注册"图标,选择其中的"DRVI 采集仪主卡检测"或"网络在线注册"进行软件注册。

④在 DRVI 地址信息栏中输入 Web 版实验指导书的地址,在实验目录中选择"转子实验台",建立实验环境。

(4) **实验仪器和设备**

①计算机 1 台。

②DRVI 快速可重组虚拟仪器平台 1 套。

③打印机 1 台。

④转子试验台 1 套。

⑤USB 数据采集仪 1 台。

(5) **实验报告**

①简述实验目的和原理,画出扩展频谱功能后的虚拟仪器装配图。

②拷贝实验系统运行界面,插入 Word 格式的实验报告中,并附上所设计的虚拟仪器脚本文件,用 WinZip 压缩后通过 E-mail 上交实验报告。

参考文献

[1] 杨裕根,徐祖茂.机械制图[M].北京:北京邮电大学出版社,2011.

[2] 蔡群.现代工程制图学(上)[M].江苏:南京大学出版社,2013.

[3] 李荣隆.现代工程制图学(下)[M].江苏:南京大学出版社,2013.

[4] 邹玉清,李赫.汽车机械识图[M].北京:北京理工大学出版社,2015.

[5] 蔚刚,柴萧.机械加工技术[M].北京:北京理工大学出版社,2016.

[6] 吴兵,肖玉.机械工程认识实习指导[M].贵阳:贵州科技出版社,2011.

[7] 刘永平.机械工程实践与创新[M].北京:清华大学出版社,2010.

[8] 张春林.机械创新设计[M].2版.北京:机械工业出版社,2007.

[9] 孙桓,陈作模,葛文杰.机械原理[M].8版.北京:高等教育出版社,2013.

[10] 陈云飞,卢玉明.机械设计基础[M].7版.北京:高等教育出版社,2008.

[11] 濮良贵,陈国定,吴立言.机械设计[M].9版.北京:高等教育出版社,2013.

[12] 沈其文.材料成形工艺基础[M].武汉:华中科技大学出版社,2001.

[13] 常春.材料成形基础[M].2版.北京:机械工业出版社,2009.

[14] 夏巨谌,张启勋.材料成形工艺[M].2版.北京:机械工业出版社,2018.

[15] 李博,张勇,刘谷川,等.3D打印技术[M].北京:中国轻工业出版社,2017.

[16] 周俊,茅健副.先进制造技术[M].北京:清华大学出版社,2014.

[17] 刘晋春,赵家齐,赵万生.特种加工[M].3版.北京:机械工业出版社,2003.

[18] 李凯岭,宋强.机械制造技术基础[M].济南:山东科学技术出版社,2005.

[19] 杨有君.数控技术[M].北京:机械工业出版社,2005.

[20] 廖念钊,古莹菴,莫雨松,等.互换性与测量技术[M].6版.北京:中国计量出版社,2012.

[21] 王伯平.互换性与测量技术基础[M].北京:机械工业出版社,2007.

[22] 赵丽娟.机械几何量精度设计与检测[M].北京:清华大学出版社,2011.

[23] 甘永立.几何量公差与检测[M].9版.上海:上海科学技术出版社,2010.

[24] 李智勇,谢玉莲.机械装配技术基础[M].北京:科学出版社,2009.

[25] 傅士伟,乐旭东.机械装配与调试[M].浙江:浙江大学出版社,2015.

186

［26］李春明,焦传君.汽车构造［M］.3 版.北京:北京理工大学出版社,2013.

［27］罗志增,薛凌云,席旭刚.测试技术与传感器［M］.西安:西安电子科技大学出版社,2008.

［28］史天录,刘经燕.测试技术及应用［M］.2 版.广东:华南理工大学出版社,2009.

［29］熊诗波,黄长艺.机械工程测试技术基础［M］.3 版.北京:机械工业出版社,2006.

［30］龚丽农,张惠莉,孙霞.现代测试技术［M］.北京:国防工业出版社,2014.

［31］马怀祥,王艳颖,刘念聪.工程测试技术［M］.武汉:华中科技大学出版社,2014.

［32］殷国富,杨随先.计算机辅助设计与制造技术［M］.武汉:华中科技大学出版社,2008.